150 JAHRE BORSIG
BERLIN-TEGEL

Berliner Beiträge
zur Technikgeschichte und Industriekultur

Schriftenreihe
des Museums für Verkehr und Technik
Berlin

BAND 7

Museum für Verkehr und Technik Berlin

150 JAHRE BORSIG
BERLIN-TEGEL

Helmut Lindner
und
Jörg Schmalfuß

Nicolaische Verlagsbuchhandlung Berlin

© 1987 Museum für Verkehr und Technik Berlin
Nicolaische Verlagsbuchhandlung Beuermann GmbH, Berlin
Alle Rechte vorbehalten
Layout und Umschlaggestaltung: Werner Kattner
Lektorat: Maria Borgmann
Restaurierung: R. Keller, P. Boeger
Reproduktionen: M. Sawade, C. Kirchner, G. Kemner
Mithilfe bei der Vorbereitung: M. Kunde, B. de Longueville, H.-J. Brünn
Beratung: G. Prinz, U. Nußbaum
Satz: Con Composition, Berlin
Offsetlithos: O. R. T. Kirchner + Graser, Berlin
Druck: Brüder Hartmann, Berlin
Einband: Lüderitz + Bauer, Berlin
Printed in Germany
ISBN: 3–87584–203–0

INHALT

VORWORT

Wichtige Kapitel der deutschen Kulturgeschichte der Technik tragen die unverkennbare Handschrift des Hauses Borsig. Wer diese Kapitel liest, erfährt, daß sie nicht nur, wie weitläufig bekannt, von Lokomotiven handeln, sondern neben einer reichen Palette industrieller Fertigung zwischen Dampfmaschinen und Staubsaugern auch von den individuellen und anonymen Schicksalen des Menschen am Arbeitsplatz, von berlinischer Architektur und Stadtgeschichte, von künstlerischen und politischen Einflüssen.

Viele Quellen dieser facettenreichen Industriekultur sind teils versiegt, teils verschüttet durch die Wirren von Wirtschaftskrisen, durch Zerstörung des Krieges, durch Demontagen und Deportationen.

Doch eine Fülle von Dokumenten, von Bildern und Schriften, blieb erhalten in dem Firmen- und Familienarchiv Borsigs. Und zwei der ältesten und eindrucksvollsten Dampfmaschinen aus der Mitte des vergangenen Jahrhunderts erhielten sich auf dem Fabrikgelände in Tegel.

Es ist ein bleibendes Verdienst der Firma Borsig, daß sie zwei Versuchungen widerstanden hat: Was hätte näher gelegen, als angesichts der existenzbedrohenden Probleme und alle Kräfte beanspruchenden Umstrukturierungen nach dem Kriege so wie andere Firmen den Ballast der Vergangenheit über Bord zu werfen, um unbelastet die Gegenwart zu meistern und an die Zukunft zu denken? Borsig rettete, was den Krieg überdauert hatte, und hütete diese Zeugnisse der Geschichte auch danach in schwerster Zeit.

Doch dann überwand Borsig auch die zweite, nicht geringere Versuchung: Es verengte sein Archiv nicht zu einem »Firmenarchiv«, vielleicht als Quelle genehmer Hofberichterstattung, oder zog es gar ab von Berlin an den neuen Sitz der Konzernzentrale, sondern öffnete die Bestände und gab sie dem Berliner Technikmuseum als Quelle für Wissenschaft, Publizistik und Ausstellungswesen.

Der vorliegende Band der Schriftenreihe dieses Museums ist eine erste Auswertung der anvertrauten Schätze und ein kleines Zeichen bleibenden Dankes für das Vertrauen des Hauses Borsig, seine Geschichte nicht für sich zu bewahren, sondern für alle zu öffnen und dem Museum anzuvertrauen. Zugleich möchte das Buch Ermutigung sein für die vielen Firmen, Institute und Sammler deutscher und berlinischer Industriekultur, gleiches zu tun wie Borsig.

Vielleicht schaut noch mancher »Borsianer« wehmütig auf den leeren Platz im Fabrikgelände, wo die Dampfmaschinen standen. Doch wer von ihnen nun durch das Museum geht und die vielen Besucher in der Borsig-Halle sieht, der erfährt, daß der Verzicht für sich selbst und die Übergabe an das Museum sich gelohnt haben: In einer ständigen Ausstellung spiegelt ein Ensemble von Borsig-Lokomotiven und Dampfmaschinen, von Meyerheim- und Biermann-Bildern, von Betriebsfahnen und Lohnabrechnungen die wechselvolle Geschichte eines großen Betriebes und seiner Menschen.

Dieser Firma Borsig und ihren Mitarbeitern sei der Band zum Jubiläum ihres 150jährigen Bestehens in Dankbarkeit gewidmet.

Prof. Günther Gottmann
Direktor des Museums für Verkehr und Technik

GELEITWORT

August BORSIG gründete vor 150 Jahren sein Unternehmen als Eisengießerei und baute es in wenigen Jahren zum bedeutendsten Industriebetrieb Preußens aus. Noch heute ist der Name BORSIG ein Synonym für die Dampflokomotive, die das Zusammenleben der Menschen und Völker gravierend veränderte, wie wir es heute von der Mikroelektronik erwarten.

Mit diesem Band »150 Jahre BORSIG Berlin-Tegel« der Schriftenreihe des Museums für Verkehr und Technik wird abweichend von den vorhergehenden Untersuchungen im besonderen die Zeit nach der Jahrhundertwende beschrieben.

Ähnlich wie vor 60 Jahren muß sich auch heute der Maschinenbau auf grundlegende Umwälzungen seiner Märkte, seiner Fertigungsverfahren und den Einfluß neuer Erkenntnisse für neue Produkte einstellen. BORSIG wird im Jahr seines 150jährigen Bestehens seine Firmenstruktur diesen Forderungen angepaßt haben im Hinblick auf Forderungen der Zukunft.

Wir danken dem Museum für Verkehr und Technik, das übernommen hat, die Geschichte unseres Unternehmens aufzuzeigen.

Berger
Vorsitzender

Griepentrog
stellv. Vorsitzender

der Geschäftsführung der BORSIG GmbH

ALBERT BORSIG
1829–1878.

A. Borsig
1804–1854.

ARNOLD BORSIG
1867–1897.

ERNST BORSIG
geb. 1869.

CONRAD BORSIG
geb. 1873.

150 JAHRE BORSIG

A. BORSIG VOR DEM ORANIENBURGER TOR UND IN MOABIT

August Borsig, genauer Johann Carl Friedrich August Borsig, wurde am 23. Juni 1804 in Breslau als Sohn des Kürassiers und späteren Zimmermanns Johann Georg Borsig geboren. Seine Mutter Susanne Catharina war eine geborene Werner. Nach abgeschlossener Schulausbildung trat August Borsig im April 1818 in den Betrieb des Zimmermanns Georg Ihle ein, während er gleichzeitig die Breslauer »Kunst- und Bau-Handwerksschule« besuchte. Mit Lehrbrief und Abgangszeugnis, die ihm die »gehörig erlernte Zimmer-Profession« wie auch »besonders lobenswerte« und »sehr gute« Fähigkeiten in den Fächern Mechanik bzw. Freihandzeichnen attestierten, verließ er im Spätsommer 1823 Breslau mit einem Stipendium der Stadt, um in Berlin das Königliche Gewerbeinstitut zu besuchen. Doch schon 1825 brach er den Besuch des 1821 von Peter Beuth gegründeten Institutes, aus dem 1879 die Technische Hochschule hervorgehen sollte, vor der Abschlußprüfung ohne Zeugnis ab. Noch im September desselben Jahres entschloß sich Borsig, ein maschinenbautechnisches Praktikum in der Maschinenbauanstalt von Franz Anton Egells in der Chausseestraße zu absolvieren.

Nach eineinhalbjähriger Ausbildung erhielt er im Juli 1827 in der »Neuen Berliner Eisengießerei«, die als erste private Gießerei Berlins von Egells und seinem Teilhaber C. W. F. Woderb im Jahr zuvor gegründet worden war, eine Anstellung im Range eines Werkmeisters. Der Arbeitsvertrag sah vor, daß Borsig dort als »Factor, der dem Technischen in der Gießerei und in den davon abhängigen Werkstätten fleißig und ordentlich vorzustehen habe« zunächst befristet auf acht Jahre engagiert wurde. Zu dem festen Jahresgehalt von 300 Talern kamen Tantiemen, deren Höhe sich nach dem Gewicht des gegossenen und verkauften Eisens berechnete. Außerdem sollte er bei »nutz-bringendem Geschäftsgang« eine »von den vakanten größeren Wohnungen im Vorderhaus nach Wahl« des Egellsschen Wohnhauses in der Chausseestraße 3 beziehen können. Nach seiner Hochzeit mit Louise Praschl im April 1828 und der Geburt des Sohnes Albert bezog die junge Familie im Frühjahr 1829 eine Wohnung im zweiten Stock des Vorderhauses. Anläßlich der Geburt seines Sohnes goß August Borsig eine eiserne Tafel mit der Inschrift »Vivat der kleine Factor, den 7. Maerz 1829«, die noch 1931 im Arbeitszimmer des Direktors Räusch im Zentralbüro in der Chausseestraße hing.

Nach Ablauf des Arbeitsvertrages blieb Borsig noch eineinhalb Jahre bis zu seinem Ausscheiden am 1. Januar 1837 bei Egells. Doch schon 1836 begann er mit den Vorbereitungen zur Errichtung einer eigenen Fabrik in unmittelbarer Nachbarschaft zur Egellsschen Maschinenbauanstalt vor dem Oranienburger Tor.

Am 7. Oktober 1836 erhielt er die Erlaubnis der preußischen Behörden zum Betrieb einer eigenen Gießerei. Die vorgelegten Baupläne ermöglichten Borsig, die zur Errichtung einer Gießhalle mit Formereiwerkstätten, Kupolofenanlage, Bohr- und Drehwerkstatt sowie Dampf- und Kesselhaus erforderlichen Grundstückskäufe voranzutreiben. Mit deren Erwerb wurde ihm am 20. Dezember 1836 als grundbesitzender »Eigentümer und Fabrikbesitzer« der Bürgerbrief der Stadt Berlin verliehen.

Entlang der Thor- und der Chausseestraße erwarb August Borsig zwischen September 1836 und Februar 1840 einen umfangreichen und zusammenhängenden Geländekomplex. Durch die bei Egells erzielten hohen Gewinne und die damit verbundenen Tantiemen besaß Borsig bei seinem Ausscheiden Eigenkapital in Höhe von 8500 Talern. Dieser Betrag diente ihm zur Anzahlung der

Grundstücke, die wiederum mit Hypotheken belastet werden konnten. Bis zum Jahr 1840 hatten der Erwerb der Grundstücke und die Baukosten 90 000 Taler verschlungen, von denen allein 79 000 Taler auf der Schuldenseite standen.

Schon im Sommer 1837 wurde der erste größere Auftrag zur Produktion von 117 000 Schrauben für die Berlin-Potsdamer Eisenbahn angenommen, der in den noch nicht fertiggestellten Werkstätten ausgeführt werden mußte. Den Tag des ersten Eisengusses belegte eine gußeiserne Tafel mit der Inschrift: »Vom ersten Guss den 22ten July 1837«, dessen Datum seither als offizielles Gründungsdatum gilt.

In den folgenden Jahren zeichnete sich eine Spezialisierung bei der Annahme von Aufträgen nicht ab. Zu den Auftraggebern zählte neben dem »Comitte der Potsdamer Bahn«, das weiter Schienenstühle, Räder und Weichen bestellte, auch das Berliner Baugewerbe. Um die saisonalen Schwankungen der eingehenden Bestellungen auszugleichen, ließ Borsig im Winter neben kleineren Gußteilen wie Bilderrahmen, Schreibzeug und Kandelaber auch die Löwen für die Löwenbrücke im Tiergarten herstellen.

Mit dem weiteren Ausbau der Produktionsanlagen vor dem Oranienburger Tor konnten bald auch Großaufträge angenommen werden. Zu ihnen gehörte die Lieferung einer größeren Dampfmaschinenanlage für das Potsdamer Pumpwerk in Sanssouci, mit dem Springbrunnen, Fontänen und das Bewässerungssystem im Schloßpark betrieben werden sollten. Mit 80 PS Leistung entwickelte August Borsig die größte bis dahin in Preußen gebaute Dampfmaschine, die bei der Eröffnung der Wasserkünste im Oktober 1842 die Fontäne vor den Schloßterrassen auf eine Höhe von 36 m ansteigen ließ.

Dem so erfolgreich ausgeführten Projekt folgten bald weitere Staatsaufträge, zu denen die im Frühjahr 1848 vollendete guß- und schmiedeeiserne Kuppel der Nikolaikirche in Potsdam und die 1851 fertiggestellte Kuppel des Stadtschlosses in Berlin zählten.

Seit 1838 erhielt Borsig auch Reparaturaufträge für die ersten in Berlin eingesetzten Lokomotiven, die von der Berlin-Potsdamer Eisenbahn noch in England und Amerika erworben worden waren. Borsig bot sich auf diese Weise die Gelegenheit, die Konstruktion und deren Schwächen an den importierten Maschinen kennenzulernen. Am 24. Juni 1841 verließ die erste in Preußen gebaute Lokomotive als Nummer 1 unter dem Namen »Borsig« das Werk in der Chausseestraße. Es handelte sich dabei um einen verbesserten Typ der amerikanischen Norris-Lokomotive aus Philadelphia, die von der Berlin-Anhaltischen Eisenbahngesellschaft gekauft und am 7. Juli 1841 in den Fahrbetrieb übernommen wurde. Es folgten eine Reihe weiterer Lieferungen von Lokomotiven, die sich zunächst nur schwer gegenüber der ausländischen Konkurrenz durchsetzen konnten. Zum Durchbruch auf dem Lokomotivmarkt kam es 1843 mit dem Sieg einer Borsig-Lokomotive über ein englisches Stephenson-Modell bei der »Choriner-Wettfahrt« und der Auszeichnung der Lokomotive Nr. 24 »Beuth« mit der »Goldenen Preismedaille« auf der Berliner Gewerbeausstellung im Sommer 1844. Schon 10 Jahre später wurden von den 68 durch den preußischen Staat bestellten Maschinen 67 bei Borsig produziert.

Bald mußte Borsig erkennen, daß die Kapazität seiner Maschinenbauanstalt und Eisengießerei der guten Auftragslage trotz mehrfacher Erweiterungen nicht mehr gewachsen war. 1842 bot sich die Möglichkeit, die in finanzielle Schwierigkeiten geratene Maschinenbau-Anstalt der Königlichen Seehandlungs-Societät zu erwerben, die 1836 als staatlicher Musterbetrieb zur Förderung eines privaten Unternehmertums in Preußen errichtet worden war. Borsig plante, den stationären Dampfmaschinenbau in die Kirchstraße 6 zu verlegen, um sich in der Chausseestraße allein dem Lokomotivbau widmen zu können. Er war aber zunächst nur bereit, 90 000 Taler der von der Seehandlung geforderten 110 000 Taler für die Übernahme der Anlage zu zahlen, da ihm der Wert der maschinellen Ausstattung zu hoch angesetzt schien. Nachdem eine Einigung nicht erzielt werden konnte, wurden die Verhandlungen erfolglos abgebrochen und erst nach dem Ende der Revolution von 1848 wieder aufgenommen.

Kritik, die sich an der »ungleichen Konkurrenz, welche staatlich bevorrechtigte Betriebe der aufstrebenden Privatindustrie bereiteten« entzündet hatte, und die finanzielle Situation des Betriebes veranlaßten die Seehandlung schließlich gegen Ende des Jahres 1850, die Maschinenbau-Anstalt in Moabit für 140 000 Taler an Borsig zu verkaufen, der gleichzeitig die 300 Mann starke Belegschaft übernehmen konnte.

Nach dem vorübergehenden Abbruch der Verhandlungen zum Kauf der Anlagen in der Kirchstraße erwarb August Borsig seit Oktober 1842 umfangreiches Gelände westlich der Stromstraße zwischen Spree und der Straße Alt-Moabit. Der östliche Teil des Grundstückes war für die Errichtung eines Wohnhauses vorgesehen, während der restliche Teil zum Bau einer Fabrikanlage dienen sollte. Um 1845 errichtete der Architekt Johann Heinrich Strack (1805–1880), der auch den Ausbau der Anlagen vor dem Oranienburger Tor übernommen hatte, eine Villa mit Gewächshäusern, die von einer Parkanlage nach Entwürfen von Peter Joseph Lenné umgeben wurde. Die Wohnanlage entwickelte sich schnell zu einer Berliner Sehenswürdigkeit, deren Park und Gewächshäuser bald gegen die Entrichtung eines Eintrittsgeldes von Besuchern betreten werden konnten.

Der ständig steigende Bedarf an Stabeisen, Walzblechen und Schmiedestücken für den Lokomotivbau, der bisher zum großen Teil über Importe aus England gedeckt werden mußte, veranlaßte Borsig zwischen 1847 und 1852 zur Errichtung eines eigenen Walzwerkes mit angeschlossener Kesselschmiede auf dem bisher unbebauten Gelände an der Spree.

Der Betrieb des Moabiter Eisenwerkes konnte 1849 aufgenommen werden, womit sich August Borsig aus der Abhängigkeit der englischen Qualitätseisenlieferungen löste.

Den letzten Schritt hin zum modernen Verbundsystem, bei dem von der Rohstoffgewinnung bis zur Lieferung der fertigen Maschine alle Produktionsstufen in einem Unternehmen vereinigt sind, unternahm Borsig wenige Wochen nach der Fertigstellung der 500. Lokomotive. Mit dem Pachtvertrag vom April 1854 übernahm er die Schürfrechte auf den Grubenfeldern Hedwigs-Wunsch, Bertawunsch und Gute Hedwig in Oberschlesien auf 25 Jahre.

Als August Borsig jedoch am 6. Juli 1854 an den Folgen eines Schlaganfalls starb, hatte sein einziger Sohn Albert den Ausbau der oberschlesischen Anlagen zu übernehmen.

Gleichzeitig versuchte Albert Borsig mit dem Verkauf von Lokomotiven auf den ausländischen Markt vorzudringen. Lag der Anteil der ins Ausland exportierten Maschinen zu Lebzeiten seines Vaters bei 2–3%, steigerte er den Auslandsanteil bis 1878 auf 70%. In diese Zeit fielen verstärkt Aufträge der preußischen Heeresverwaltung und der Marine, die ihren Höhepunkt während des Deutsch-Französischen Krieges 1870/71 erreichten. Die starke Auslastung der Werkstätten machte mehrere Erweiterungen der Anlagen in der

Verwaltungsgebäude der Lokomotivfabrik von A. Borsig am Oranienburger Tor um 1862

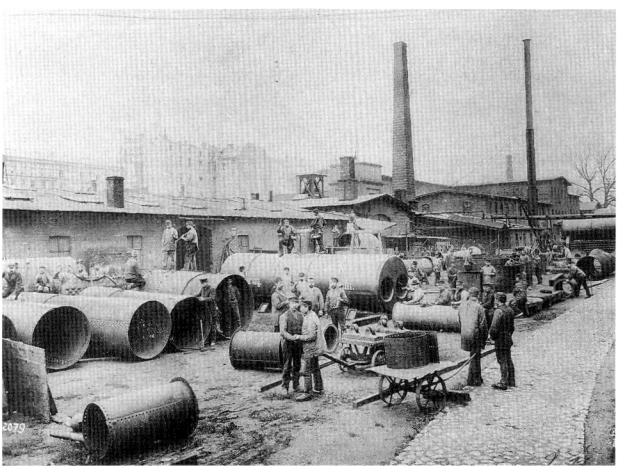

Werkhof der Maschinenbauanstalt in Moabit um 1895

Eisenwalzwerk in Moabit um 1880

Chausseestraße und Moabit erforderlich. Am Oranienburger Tor entstanden umfangreiche An- und Umbauten, von denen die 1860 von Strack fertiggestellte Arkadenhalle besonderes Aufsehen erregte. Die Aufgaben des Moabiter Stahlwerkes hatte das günstiger arbeitende oberschlesische Hüttenwerk übernommen; dadurch wurde im Werk Platz für den Umzug der Kesselproduktion aus der Chausseestraße um 1870 geschaffen. Trotzdem war dort zu diesem Zeitpunkt die Möglichkeit erschöpft, auf steigende Nachfrage mit Erweiterung der Produktionsanlagen zu reagieren.

Das Unternehmen hatte im Verlauf der Hochkonjunktur zu Beginn der siebziger Jahre bei maximaler Auslastung der Werkstätten seinen wirtschaftlichen Höhepunkt erreicht. Doch mit Einsetzen der Gründerzeitkrise, der »Großen Depression« zwischen 1873 und 1896, kam es auch bei Borsig ab 1876 zu einem starken Rückgang der Produktion. Besonders betroffen waren die Dampfkesselproduktion in der Kirchstraße und der Lokomotivbau in der Chausseestraße. Wurden 1874 insgesamt noch 181 Lokomotiven gebaut, fiel die Anzahl 1878 auf 76 Stück.

Als Albert Borsig in dieser Krise 49jährig am 10. April 1878 verstarb, hinterließ er neben zwei Töchtern die Söhne Arnold (11), Ernst (9) und Conrad (5), denen sämtliche Werke in Berlin und Oberschlesien als gemeinsames Erbe zufielen. Das Testament sah vor, daß bis zur Volljährigkeit des jüngsten Sohnes das Unternehmen von einem Kuratorium zu führen sei. Zu Kuratoren wurden der ehemalige Rechtsbeistand Albert Borsigs, Justizrat Riem, der Direktor der Lokomotivfabrik in der Chausseestraße, Beu, und der Direktor der Oberschlesischen Borsigwerke, Braetsch, bestimmt. Als Vertreter wurden die kaufmännischen und technischen Direktoren Lange und Schulz der Maschinenfabrik benannt. Auf Grund von Reibereien innerhalb des Kuratoriums und von Auseinandersetzungen mit der Familie verlor das Unternehmen zusehends an Leistungsfähigkeit. Beschleunigt wurde der Prozeß durch unterlassene Investitionen und angemessene Reaktionen auf die negative Entwicklung des Lokomotivgeschäftes.

Zwischen 1879 und 1884 wurde der größte Teil der preußischen Bahnen verstaatlicht, wobei die Eisenbahnverwaltungen nun so viele Betriebsmittel in die Hand bekamen, daß Neuanschaffungen zurückgestellt werden konnten. Die Produktion sank von 94 Maschinen 1884 auf 17 Stück 1887, so daß man sich entschloß, auf deren Herstellung

ganz zu verzichten und das Werk in der Chausseestraße zum 1. Oktober 1886 zu schließen. Zur endgültigen Einstellung der Lokomotivproduktion kam es jedoch nicht, da einige Kunden das Kuratorium drängten, ihre Maschinen weiter von Borsig beziehen zu können. Im verminderten Umfang wurde ihr Bau in Moabit weitergeführt. Die Werksanlagen in der Chausseestraße jedoch wurden abgerissen und das geräumte Gelände im September 1887 an die Magdeburger Bau- und Creditbank verkauft, die es anschließend mit Mietshäusern bebaute. Mit der Übernahme der Geschäfte durch die Söhne Albert Borsigs nach 1894 erfolgte 1898 der Umzug der verbliebenen Werke nach Tegel.

Als der älteste Sohn, Arnold, schon 1897 bei einem Grubenunglück in Oberschlesien ums Leben kam, teilten sich Ernst und Conrad die Leitung der Werke, die noch bis in das Jahr 1933 als Familienunternehmen geführt wurden. Dem konjunkturell bedingten Rückgang der Nachfrage nach Lokomotiven Mitte der zwanziger Jahre standen die unausgelasteten großen Produktionsanlagen vieler deutscher Lokomotivfirmen gegenüber. Man versuchte durch Quotierung der Aufträge eine möglichst gleichmäßige Auslastung aller Betriebe zu erreichen, um somit die Existenz der Unternehmen und ihrer Arbeitsplätze zu sichern. In dieser Zeit geriet Borsig in finanzielle Schwierigkeiten und mußte 1929 die Lokomotivquote für neun Millionen Reichsmark an die AEG verkaufen und kurz darauf die Lokomotivfabrikation ganz einstellen.

Die verlustreiche Beteiligung der Firma Borsig an der »Vereinigung zum Verkauf deutscher Wasserpumpen« angesichts der desolaten Wirtschaftslage führte schließlich zur Einstellung der Zahlungen des Tegeler Werks am 18. Dezember 1931. Der Betrieb wurde durch die Gründung der A. Borsig Betriebsgesellschaft m.b.H. aufrechterhalten, die noch 1932 einen Umsatz von fünfzehn Millionen Reichsmark erzielte.

Am 28. April 1933 wurde die A. Borsig Maschinenbau Aktiengesellschaft gegründet, die von der ehemaligen A. Borsig G.m.b.H. die Werksanlagen, Zeichnungen, Modelle und Schutzrechte erwarb. Diese wurde wiederum von der Rheinischen Metallwaren und Maschinenfabrik Aktiengesellschaft erworben; beide fusionierten Anfang 1936 zur Rheinmetall-Borsig Aktiengesellschaft.

DAS NEUE WERK IN TEGEL BEI BERLIN

Als zum April 1894 mit Conrad der letzte der drei Söhne Albert Borsigs für volljährig erklärt, seine geschäftsmäßige Volljährigkeit jedoch auf das 24. Lebensjahr verschoben wurde, konnten zunächst nur Arnold und Ernst Borsig die Geschäftsführung aus den Händen des Nachlaßkuratoriums übernehmen. Sie standen dabei vor dem Problem, Fabrik- und Maschinenanlagen vorzufinden, die wegen unterlassener Investitionen in den vorangegangenen Jahren kaum noch den Rentabilitätsansprüchen eines konkurrenzfähigen Unternehmens genügten und dringend einer durchgreifenden Reorganisierung und Modernisierung bedurften. Eine Sanierung des Betriebes mit seinen beiden in Moabit relativ weit auseinandergelegenen Anstalten versprach wenig Aussicht auf Erfolg.

Noch im Jahr 1894 bot sich für Ernst Borsig, der die Planung und Ausarbeitung des Projektes persönlich übernommen hatte, die Gelegenheit, einen Geländekomplex von 225 454 qm Größe für 450 260 Mark an der Nordbahn in den Grenzen der Gemeinde Dalldorf, dem späteren Wittenau, zu erwerben. Nach Vertragsabschluß kam es jedoch innerhalb des Unternehmens über die Tauglichkeit des Geländes für den geplanten Fabrikneubau sofort zu Auseinandersetzungen, in denen es um eine optimale Anbindung der Anlagen an die geeigneten Transportwege ging. Als entscheidender Nachteil des neuen Standortes erwies sich das Fehlen eines Wasseranschlusses an den Tegeler See bzw. die Havel, auf denen der Transport der Rohstoffe zur Produktion und Energieversorgung wesentlich günstiger hätte erfolgen können. Die Streitigkeiten konnten noch im selben Jahr beigelegt werden, als in der Gemarkung Tegel westlich der erst wenige Monate zuvor im Herbst 1893 eröffneten Nebenbahn Schönholz-Kremmen (Berlin-Kremmener Eisenbahn) zwischen Berliner Straße und Tegeler See geeignetes Gelände zur Verhandlung stand.

Zwischen Spätherbst 1894 und dem Frühjahr des folgenden Jahres einigte die Firma Borsig sich mit den verschiedenen Besitzern über den Erwerb eines 223 723 qm großen Areals, für das insgesamt 686 510 Mark zu zahlen waren.

Gleichzeitig besuchte Ernst Borsig mit einer Gruppe ausgewählter Ingenieure eine Reihe der modernsten Fabrikneubauten auf dem Kontinent und entsandte einige seiner technischen Beamten zu ausgedehnten Studienreisen nach England und in die Vereinigten Staaten. Aus den hierbei gewonnenen Erfahrungen entstanden die Entwürfe für die Tegeler Anlagen, mit deren architektonischen Ausführungen das Architekturbüro Reimer & Körte beauftragt wurde, wobei die Gesamtanordnung der Produktionsanlagen und die Eisenkonstruktion der bewährte Oberingenieur Metzmacher aus dem Borsigschen Baubüro übernahm.

Die Produktion wurde mit Abschluß der im Frühjahr 1896 begonnenen Bauarbeiten nach nur zweieinhalbjähriger Bauzeit im Herbst 1898 aufgenommen. Es war dabei ein Fabrikkomplex entstanden, dessen einzelne Werkstätten und Lager sich in einem Rechteck von Ost nach West entlang einer Hauptstraße gruppierten, für deren Bebauung diejenigen Stationen ausschlaggebend waren, die ein Werkstück bis zu seiner Fertigstellung zu durchlaufen hatte. Rohstoffe und Massengüter, die in der Regel mit Lastkähnen über Havel und Tegeler See zum Werk transportiert wurden, konnten im eigenen Hafen mit Kränen und Laufbahnen gelöscht werden. Ein Netz schmal- und normalspuriger Gleise durchzog mit Hilfe von Weichen und Drehscheiben die einzelnen Werkstätten, um so einen schnellen und bequemen Transport der Werkstoffe und Halbfabrikate zu ermöglichen, bis schließlich die montierte Maschine auf dem Anschlußgleis zum Bahnhof Tegel der Berlin-Kremmener Eisenbahn das Werk im Osten durch das Hauptor verlassen konnte.

Den Architekten Konrad Reimer (1853–1915) und Friedrich Körte (1854–1934) war es dabei gelungen, die modernen und großzügigen Werksanlagen mit ihren verschiedenen, dem technischen Produktionsablauf folgenden Werkstätten in einheitlich gestaltete Fassaden zu fassen, deren durch Zinnen bekrönte Giebelarchitektur deutlich in der Tradition des historisierenden preußischen Industriebaus stand. Als Vorbild boten sich die mittelalterlichen Backsteinbauten der Mark Brandenburg an, deren Zitate sich auch am neuen Wahrzeichen und Schaustück der Firma A. Borsig, dem burgtorartigen Haupteingang, finden, das sofort an das bereits im Jahr zuvor von Franz Schwechten (1841–1924) in der Brunnenstraße für die AEG 1897 errichtete Werkstor erinnerte.

Ebenfalls auf Entwürfe von Reimer & Körte geht der 1899 fertiggestellte repräsentative Bau des Zentralbüros in der Chausseestraße 6 (später 13) zurück. Hier befanden sich die um 1890 niedergerissenen Wohnhäuser der ehemaligen Lokomotivfabrik vor dem Oranienburger Tor, deren gesamte Anlagen nach der Stillegung des Betriebes bereits 1887 der Spitzhacke zum Opfer gefallen waren. Vor dem Abriß wurden einige eichene Türen, Paneele und Möbel dem Verwaltungsgebäude entnommen, die im Zentralbüro wieder Verwendung fanden. Es waren Arbeiten des Architekten Johann Heinrich Strack, der um die Mitte des 19. Jahrhunderts einen großen Teil der Neu- und Umbauten der Borsigschen Wohn- und Fabrikbauten entworfen und ausgeführt hatte. Zu seinen Schülern zählte auch Konrad Reimer. Auf dem südlichen Giebel des Hauses konnte der als kupferne Wetterfahne dienende griechische Windgott Äolus wieder aufgestellt werden, der zuvor an fast gleicher Stelle den Uhr- und Wasserturm der Maschinen- und Lokomotivfabrik gekrönt hatte.

Das Zentralbüro bildete unter dem langjährigen Direktor Johannes Räusch eine wirtschaftlich selbständige Abteilung, deren Aufgaben hauptsächlich darin bestanden, die Werke in Tegel und Oberschlesien mit den dazugehörigen Wohnsiedlungen sowie die übrigen wirtschaftlichen Beteiligungen der Firma zu verwalten.

Mit Aufnahme der Produktion im neuen Werk stellte sich bald heraus, daß ein großer Teil der früher in Moabit beschäftigten Arbeiter nicht bereit war, dem Umzug nach Tegel zu folgen. Zum einen waren am neuen Standort Wohnungen in ausreichender Zahl und Qualität kaum vorhanden, zum anderen besaß die Tegeler Straßenbahn als eine der letzten mit Pferden betriebenen Bahnen nicht die notwendige Kapazität, genügend Pendler an ihren neuen Arbeitsplatz zu transportieren. Eine eigens für Werksangehörige anzulegende Siedlung und die Bereitstellung von Bauland sollten die Wohnungssituation entschärfen und den Umzug für Arbeiter und Beamte nach Tegel lukrativer machen. Zu diesem Zweck wurde am 9. Dezember 1898 die »Terraingesellschaft Tegel m.b.H.« mit Sitz in Berlin gegründet, deren Stammkapital 1 000 000 Mark betrug, woran sich das Haus Borsig mit 200 000 Mark beteiligte. Die Gesellschaft erwarb nordöstlich des Fabrikgeländes und jenseits der Bahn ein 526 034 qm großes Grundstück, für das der zur baulichen Erschließung erforderliche Koloniekonsens der Stammgemeinde Dalldorf eingebracht werden mußte. In dem Konsens waren in erster Linie die Schul- und Kirchenangelegenheiten, Straßenbau, Kanalisation sowie Wasser-, Gas- und Stromversorgung zu regeln. Gleichzeitig wurde beschlossen, die Kolonie mit behördlicher Genehmigung den Namen »Borsigwalde« führen zu lassen, um so alle unliebsamen Assoziationen mit der in Dalldorf gelegenen Irrenanstalt auszuschließen.

Da sich zunächst die Hypotheken- und Baubanken wegen der ungünstigen Lage der Kolonie mit der Vergabe von Krediten zurückhielten, kaufte Borsig in der jetzigen Ernst-, Räusch- und Schubartstraße Bauparzellen, um dort auf eigene Rechnung Beamten- und Arbeiterwohnhäuser zu errichten. Um die Bebauung zu forcieren, schloß Borsig einen Vertrag mit der Berliner Baugenossenschaft, die sich verpflichtete, 35 Häuser des von ihr in Adlershof bereits errichteten Typs fertigzustellen, der kleine Reihenhäuser in Blocks zu jeweils 5 Häusern mit je 2 bis 3 Wohnungen faßte. Der erste Block konnte schon am 1. Oktober 1899 bezogen werden. Obwohl Borsig den Erwerb eines Hauses mit erststelligen Hypotheken belieh, fanden sich kaum Werksangehörige, die sich mit dem Kauf eines Hauses an ihren Arbeitgeber binden wollten. So wurde die Mehrzahl der Häuser von der Berliner Baugenossenschaft den Tegeler Straßenbahnern zugeteilt. Nachdem der Versuch gescheitert war, über die Baugenossenschaften Arbeitskräfte in der Nähe des Werkes anzusiedeln, beauftragte Borsig im Mai 1899 die Magdeburger

Bau- und Credit-Bank mit der Errichtung von 55 Mietshäusern für Arbeiter und Beamte, wobei die Bank die Finanzierung selbst zu übernehmen hatte. Von den in Blocks zu je 4 Häusern erbauten Wohnungen waren die ersten 12 Häuser im April 1900 beziehbar, so daß noch im selben Jahr Borsigwalde mehr als 2000 Einwohner zählte. Jedoch nur die Hälfte aller Wohnungen konnte zu diesem Zeitpunkt an Werksangehörige vermietet werden.

Der Verkauf von Wohnhausparzellen stieß durch steigende Grundstückspreise zusehends auf immer größere Schwierigkeiten. Als sich die Möglichkeit bot, durch den Erwerb von zwei angrenzenden Grundstücken in der Größe von 1 100 000 qm auch kapitalkräftigere Unternehmen für die Errichtung von Produktionsanlagen in der Kolonie zu interessieren, wurde am 20. März 1900 unter der Beteiligung der Breslauer Disconto-Bank in Berlin die »Borsigwalder Terrain Act. Ges.« mit einem Stammkapital von 3 800 000 Mark gegründet. Die Aktiengesellschaft erwarb die beiden Grundstücke und übernahm zugleich den gesamten Grundbesitz mit allen Rechten und Pflichten aus dem Koloniekonses der Terraingesellschaft Tegel, die selber dann in Liquidation trat. Borsig beteiligte sich mit dem Erwerb von Aktien im Wert von 321 000 Mark und entsandte Direktor Räusch und Conrad Borsig, letzteren als stellvertretenden Vorsitzenden, in den Aufsichtsrat. Neben der weiteren Errichtung von Wohnungen kam es im Verlauf der nachfolgenden Jahre hauptsächlich zum Verkauf von Gelände an Unternehmen, zu denen u.a. die Maschinenfabrik Carl Flohr, die Deutsche Waffen- und Munitionsfabrik und die Baumaschinenfabrik Carl Tobler gehörten, deren Anlagen dann das Industriegebiet Borsigwaldes bildeten.

Conrad von Borsig (er war 1909 ebenso wie sein Bruder Ernst geadelt worden) erwarb im Juni 1915 von der Aktiengesellschaft Gelände, auf dem er einen Kinderhort errichten ließ, den er am 19. November 1920 den in Borsigwalde lebenden Kindern von Betriebsangehörigen als gemeinnütziger Verein »Kinderhort Borsigwalde« stiften ließ.

Durch den Zusammenbruch des Immobilienmarktes nach dem Ende des Ersten Weltkrieges stand auch die Terrain-AG vor dem Konkurs, den Borsig durch die Übernahme des noch verbliebenen Grundbesitzes und der beiden Wohnhäuser in der Ernststraße 4 bzw. 8 zwischen 1921 und 1923 abzuwenden versuchte. Am 16. Januar 1923 trat die Borsigwalder Terrain-AG in Liquidation.

Nur wenige Jahre nach der Betriebseröffnung war die Produktion in Tegel derart gestiegen – schon 1902 hatte sich der Wert der produzierten Güter im Vergleich zum Jahr 1884 verdoppelt –, daß die für notwendige Erweiterungen benötigten Flächen innerhalb des Werkes nicht mehr zur Verfügung standen. Im Mai 1903 bot sich erstmalig für Borsig die Möglichkeit, Teile des Geländes der damaligen »Friedrich Krupp Aktiengesellschaft Germaniawerft« zwischen Tegeler See und der Spandauer Straße (heute Eisenhammerweg) auf fünf Jahre zu pachten. Es handelte sich hierbei im wesentlichen um mehrere Werkstätten und Lagerschuppen, die eine alte Kesselschmiede und Gießerei umgaben. Hervorgegangen war die Fabrik, zu der noch weitere Montagehallen, Werkstätten, Verwaltungsgebäude und Arbeiterwohnhäuser gehörten, die sich bis hin zur Berliner Straße erstreckten, aus einem Eisenhammer. Franz Anton Egells (1788–1854) hatte ihn zur Versorgung seiner Maschinenfabrik an der Chausseestraße mit Schmiedestücken, die zuvor aus England importiert werden mußten, in den dreißiger Jahren des letzten Jahrhunderts anlegen lassen. Schon 1838 lebten von den 141 Einwohnern Tegels 21 am Eisenhammer, was nahezu einem Siebentel der noch vorwiegend bäuerlichen Bevölkerung entsprach. Die Söhne Egells erweiterten nach dem Tode des Vaters das Produktionsprogramm auf die Entwicklung von Schiffsmaschinen, dem später noch der Bau von Schiffen selbst folgen sollte. Nachdem sie die Eintrachtshütte in Oberschlesien mit den dazugehörigen Erzfeldern und Kohlengruben erworben hatten, wurde das Unternehmen 1871 zur »Märkisch-Schlesischen Maschinenbau- und Aktiengesellschaft vormals F.A. Egells« umgewandelt. Im Oktober 1879 konnte die bereits im Frühjahr in Konkurs gegangene »Norddeutsche Schiffsbau-Actien-Gesellschaft in Gaarden am Kieler Hafen« gekauft werden, mit deren Erwerb man in den Besitz einer leistungsfähigen Werft zu kommen hoffte, die nun den eigenen Schiffsbau ermöglichen sollte. Man übernahm sich jedoch dann bald beim Bau einer Reihe von Handelsschiffen, deren Aufträge zu ungünstigen Konditionen lediglich zur Auslastung der Werkstätten in Tegel und Kiel angenommen werden mußten, was zu Beginn der achtziger Jahre zu finanziellen Schwierigkeiten führte. Der Fortbestand des Unternehmens konnte im November 1882 nur noch durch die Gründung der »Schiff- und Maschinenbau AG Germania« gesichert werden, in der der Tegeler Besitz der in Liquidation gegangenen Märkisch-Schlesischen Maschinenbau-AG aufging. Trotz einer Reihe staatlicher und privater Aufträge – bis 1896 liefen in Kiel 24 Kriegs- und 23 Handelsschiffe vom Stapel – blieb der finanzielle Erfolg aus. Als gravierender Nachteil erwiesen sich hierbei die aufwendigen Transporte der in Tegel gefertigten Schiffsmaschinen zur Werft nach Kiel. Mit dem Betriebsüberlassungsvertrag vom 29. August 1896 und dem endgültigen Verkauf der Aktiengesellschaft an die Firma Friedrich Krupp in Essen am 1. April 1902 begann man die Werkstätten vom Tegeler See nun endgültig an die Ostsee zu verlegen. Die Werft firmierte zunächst noch unter dem Namen »Friedrich Krupp Germaniawerft«, bis sie mit der Umwandlung der Firma Krupp in eine Aktiengesellschaft am 1. Juli 1903 in »Friedrich Krupp Aktiengesellschaft Germaniawerft« umbenannt wurde. Der im Mai 1903 zunächst für einen Teil des Germaniageländes abgeschlossene Pachtvertrag wurde im November 1905 bis zum Jahr 1918 verlängert. Aber schon im Juni 1910 konnte Borsig das gepachtete Gelände erwerben. Bis zum Januar 1918 folgte noch eine Reihe von Kaufverträgen, in denen das gesamte Werftgelände von der Krupp AG in dem Rechteck Tegeler See, Borsig- und Berliner Straße sowie Krupp-Allee (heute Biedenkopfer Str.) erworben werden konnte.

Durch den Kauf weiterer Grundstücke zwischen See und Werk sowie im Norden entlang der Schöneberger-, Veit- und Berliner Straße waren die Voraussetzungen geschaffen worden, die (im Zusammenhang mit der kriegsbedingten Ausweitung der Produktion) unerläßlichen Werkserweiterungen in Angriff zu nehmen.

1912 wurde zunächst die Werkskantine, deren Fassade noch im Jahr zuvor dem Berliner Maler Hans Baluschek als Hintergrund für sein Gemälde »Mittag bei Borsig« gedient hatte, abgerissen. Ein Neubau, der Küche, Speisesaal und weitere Sozialräume aufnahm, entstand außerhalb des Werkes in einem parkähnlichen Gelände zwischen Berliner Straße und der Kremmener Eisenbahn. In dem Park wurden in den darauffolgenden Jahren Sportanlagen angelegt, zu denen bald auch zwei Tennisplätze und ein Fußballplatz für die Betriebssportgruppen gehörten.

Mit Ausbruch des Ersten Weltkrieges wurde das Tegeler Werk sofort zu Heereslieferungen herangezogen, die sich zunächst auf die Produktion von Geschossen aller Art vom 7,5 cm Kaliber bis zu Granaten in einem Durchmesser von 42 cm be-

schränkte. Von Kriegsbeginn an wurden bis 1916 an der nördlichen Fabrikseite Werkstätten für den Zünder- und Einzelteilebau sowie im Nordwesten eine Pressenwerkstatt und jenseits der Schöneberger Straße eine Geschoßzieherei errichtet. Zur Erweiterung nach Süden bedurfte es aber erst noch der Zustimmung der Gemeinde Tegel, da Borsigstraße, Haselhorster- und der nördliche Teil der Charlottenburger Straße überbaut werden sollten. In dem im Spätherbst 1916 abgeschlossenen Vertrag mußte sich Borsig verpflichten, die Gemeinde für die kassierten Straßenflächen, für den Verzicht auf die Straßen als öffentliche Verkehrswege sowie für die Abtretung verlegter Rohrleitungen und deren Änderungen zu entschädigen.

Gleichzeitig forderte die Gemeinde von der Geschäftsleitung, stärker darauf hinzuwirken, daß zukünftig mehr Beamte ihren Wohnsitz in Tegel zu nehmen hätten. Besonderen Raum nahmen bei den Verhandlungen die Bemühungen der Gemeinde ein, das Unternehmen zu zwingen, beim weiteren Ausbau des Werkes die Emissionen von Lärm und Abgasen zu verringern. In den vorangegangenen Jahren hatten eine beträchtliche Anzahl von Hausbesitzern und Anwohnern Schadenersatzansprüche gegen Borsig geltend gemacht, in denen es um Schäden an den Häusern, die durch die Erschütterungen schwerer Maschinen verursacht worden waren, und um die Belästigung durch Flugasche, Ruß und Fabriklärm ging. Die Firmenleitung versuchte rechtskräftigen Urteilen durch Vergleiche zuvorzukommen, an deren Ende meist der Kauf des ganzen Grundstückes inklusive Wohnhaus stand. Tegel nutzte den Vertragsabschluß, um Borsig zu verpflichten, innerhalb eines Jahres alle nach der Veitstraße gelegenen Fabrikgebäude mit Doppelfenstern zu versehen, die während der Produktion zu schließen waren. Sollte dies ohne den gewünschten Erfolg bleiben, hatte das Unternehmen nötigenfalls größere Maschinen umzustellen.

Noch gegen Ende 1916 wurde auf dem Südgelände mit dem Bau einer Abnahmehalle für Geschoßmaterial, eines neuen Stahlwerkes und einer Kanonenwerkstatt begonnen, in denen schon im Frühjahr 1917 die Produktion aufgenommen werden konnte.
Parallel dazu trat man mit der Gemeinde Tegel in Verhandlungen, um von ihr das letzte noch auf dem Werksgelände verbliebene Grundstück an der Schöneberger Straße zu erwerben, auf dem sich das Tegeler Lyzeum befand. Der Schulver-

band trat das Grundstück mit Vertrag vom 17. Dezember 1917 zu einem Preis von 473 071 Mark an das Unternehmen ab, wobei 346 681 Mark des Kaufpreises auf die Baukosten und 126 390 Mark auf das Grundstück entfielen. Die Übergabe des Geländes und die Räumung der Schule sollten zunächst zum 1. Oktober 1918 erfolgen. Nach Kriegsende und einsetzender Teuerung waren aber weder die Gemeinde Tegel noch deren Rechtsnachfolgerin, die Stadtgemeinde Groß-Berlin, in der Lage, für den Kaufpreis des alten Schulgebäudes einen Neubau am Steinbergweg zu errichten. In neuen Verhandlungen kam man überein, daß Borsig die Bauausführung der neuen Schule anstelle des vereinbarten Kaufpreises zu übernehmen hatte. Am 16. Juli 1923 konnte dann mit dem Einzug in das neue Gebäude begonnen werden. Das alte Lyzeum nahm die betriebseigene Werkschule auf, die sich zuletzt in einem Teil der umgebauten Abnahmehalle für Geschoßmaterial befand. Mit dem Neubau der Lokomotivmontagehalle und dem damit verbundenen Abriß des Feuerwehrschuppens richtete sich auch die Werksfeuerwehr in einem Teil der ehemaligen Schule ein.

Schwierigkeiten bereitete Borsig noch die Bezahlung des Grundstückes, da die Stadt Berlin hierfür inzwischen einen Ausgleich der Wertsteigerung forderte. Das Unternehmen war zu diesem Zeitpunkt nicht in der Lage, Barmittel zu investieren, so daß es stattdessen einen großangelegten Ringtausch vorschlug.

Borsig bot der Stadt das 1894 an der Nordbahn in Wittenau erworbene Grundstück an, dessen Wert den des Schulgrundstückes jedoch erheblich überstieg. Als Ausgleich sollte das Unternehmen den bereits gepachteten Teil des ehemaligen Gaswerkes Tegel sowie das südlich daran stoßende unbebaute Gelände zwischen Berliner Straße und dem Gaswerk Berlin erhalten. Die Stadt stimmte dem allerdings erst zu, als ihr noch zusätzliches Gelände am Tegeler Steinberg überlassen wurde. Der Geländeüberschuß, den Borsig bei dem Tausch erzielte, wurde kurzerhand mit dem Kauf der Gebäude des alten Tegeler Gaswerkes verrechnet.

Bis zur Umwandlung der A. Borsig GmbH in eine Aktiengesellschaft im Jahr 1933 folgte noch der Kauf einiger Wohnhausgrundstücke entlang den Grenzen des Werkes und in Borsigwalde, deren Besitzer sich durch die Inflation gezwungen sahen, sich von ihren Häusern zu trennen. Somit hatte es das Unternehmen zwischen 1894 und 1933 mit nahezu 120 Grundstückskäufen zu einem ab-

gerundeten Gesamtbesitz zwischen Kremmener Eisenbahn und Tegeler See gebracht, der im Norden durch die Veitstraße und im Süden durch die Krupp-Allee begrenzt wurde. Hinzu kam noch der umfangreiche Immobilienbesitz in Borsigwalde.

Innerhalb der Werksgrenze entschloß man sich noch 1921 zum Neubau einer zeitgemäßen Lokomotivmontagehalle anstelle der veralteten Anlage, der westlich der Gewerbeschule eine Lokomotivreparaturwerkstatt, die Erweiterung des Hafens und eine neue Kohleförderanlage folgten.

Zu den letzten und bemerkenswerten Bauprojekten, die vor der Umwandlung des Unternehmens in eine Aktiengesellschaft in Angriff genommen wurden, zählten die Neugestaltung des Haupttores und die Erweiterung des Betriebsverwaltungsgebäudes. Wegen der übergreifenden Aufgaben der Betriebsbüros innerhalb des Fabrikationsvorganges kam ein Standort allein im zentralen Bereich der Werksanlagen in Frage. Der knappe Baugrund, der nur auf Kosten einzelner Werkstätten hätte erweitert werden können, zwang die Planer, bei stark beschränkter Grundfläche möglichst in die Höhe zu bauen. Man beschloß einen turmartigen Hochbau zu errichten, mit dessen künstlerischer Gestaltung der Architekt Prof. Eugen G. Schmohl (1880–1926) beauftragt wurde, während die technische Ausführung und Oberleitung wieder beim Baubüro des Werkes lagen.

Der expressionistische Stahlskelettbau, der auf einer Grundfläche von 20 m Breite und 16 m Tiefe eine Gesamthöhe von 65 m erreichte, erregte nach seiner Fertigstellung als eine der bemerkenswertesten und bestgelungenen Arbeiten seiner Zeit in Berlin erhebliches Aufsehen. Zudem kam dem Borsig-Turm der Rang des ersten in Berlin erbauten Hochhauses zu, dessen Baubeginn schon in den September 1922 fiel. Schwierige Materialbeschaffung, Streiks und ungünstige Witterung verzögerten jedoch die endgültige Fertigstellung bis in das Frühjahr 1924 hinein.

Gleichzeitig wurde ebenfalls nach Entwürfen von Eugen G. Schmohl südlich des Haupttores an der Berliner Straße ein neues Lohnbüro errichtet, in dem neben den Schalterhallen und Kassenräumen zur Lohnausgabe auch die Büros der eigenen Betriebskrankenkasse eingerichtet wurden.

Der bisher frei verbliebene Raum zwischen dem neuen Lohnbüro und der Markenhalle sollte unter Einschluß des alten Tores zu einem monumentalen Haupteingang umgestaltet werden. Es wurden verschiedene Entwürfe angefertigt, von denen einer als Modell ausgeführt wurde. In der Mitte des Torkomplexes war ein Ehrenmal für die im Ersten Weltkrieg gefallenen Arbeiter und Beamten vorgesehen, über dessen Gestaltung es sogleich zu Auseinandersetzungen mit dem Betriebsrat kam, der das Projekt schließlich abgelehnt haben soll. Die Baugenehmigung für den Ehrenhof wurde am 18. Januar 1923 erteilt, deren Verlängerung man auf unbestimmte Zeit letztmalig Ende 1925 mit der Begründung beantragte, daß der Bau aus wirtschaftlichen Gründen vorerst nicht in Angriff genommen werden könnte. Am 17. April 1926 wurde der A. Borsig GmbH mitgeteilt, daß der nachgesuchte Dispens nicht erteilt würde, worauf man das Projekt endgültig zu den Akten legte.

A. BORSIG, MASCHINENFABRIK BERLIN-TEGEL

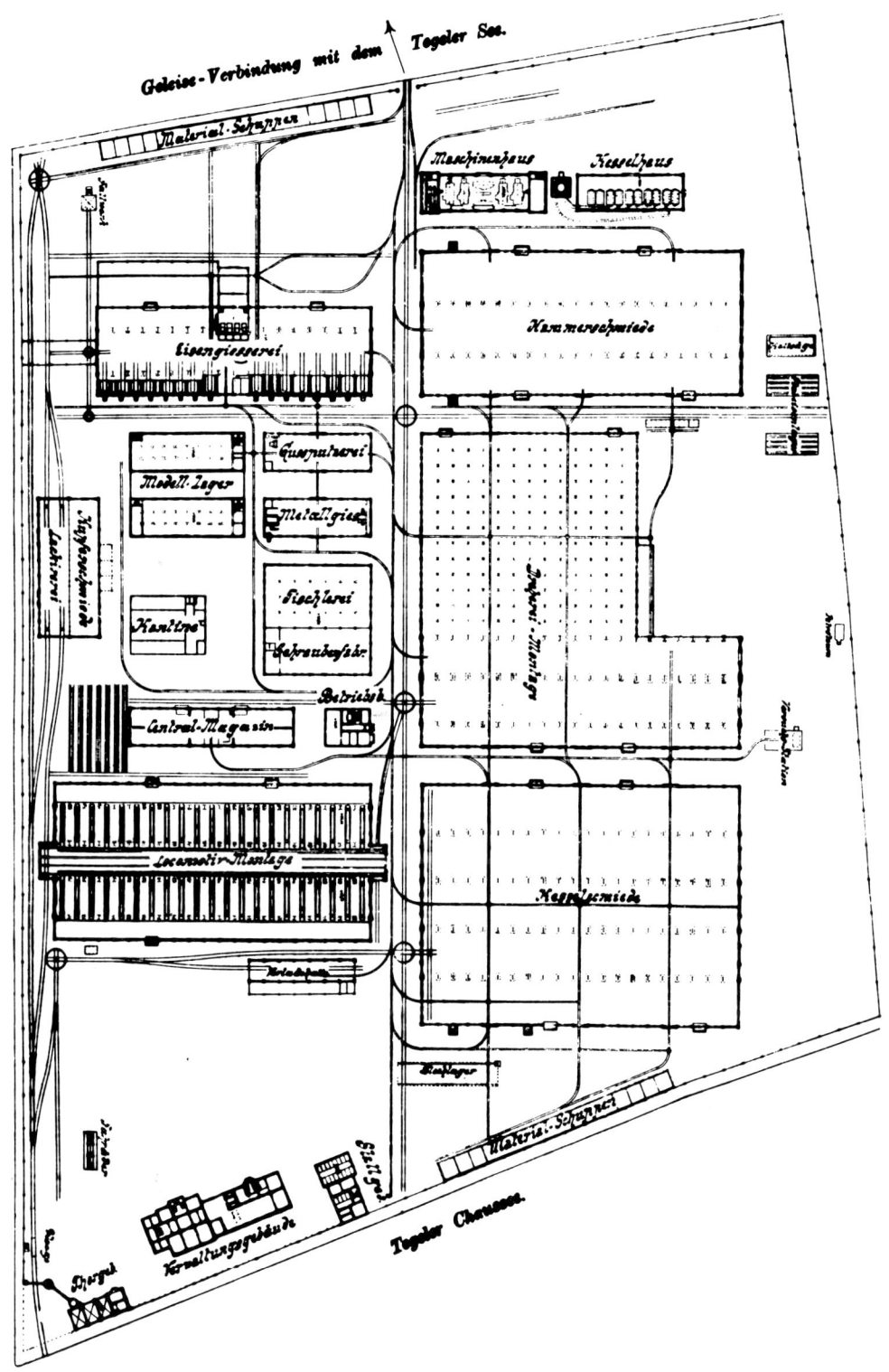

Lageplan des Tegeler Werkes 1898

21

Werkstor an der Berliner Straße mit dem Hauptpförtner Schwarze im August 1902. Durch das nach Entwürfen der Architekten Reimer & Körte errichtete burgartige Tor und über das Anschlußgleis zum Bahnhof der Berlin-Kremmer Eisenbahn verließen die fertiggestellten Maschinen das Werk, während die zur Produktion benötigten Rohstoffe und Halbfabrikate im werkseigenen Hafen am Tegeler See gelöscht werden konnten. Arbeiter und Beamte hatten das Firmengelände rechts durch das Tor zur Markenhalle zu betreten.

Hofansicht des Verwaltungsgebäudes und des Haupttores mit der Markenhalle 1900

Blick nach Westen in die Hauptstraße des Werkes 1900. Die Aufnahme zeigt die Werkstraße noch in ihrem ursprünglichen Zustand nach dem Abschluß der Bauarbeiten im Jahr 1898. Auf der nördlichen Seite sind die ersten fünf Hallentore zur 13 900 qm großen Kesselschmiede, gefolgt von Dreherei, Maschinenmontage und Hammerschmiede zu erkennen. Auf der Südseite der Straße stehen die Hallen der Lokomotivmontage, der Schraubenfabrik, der Tischlerei und der Metallgießerei.

Kontrollmarkenhalle 1908. Durch den vor dem Haupttor gelegenen Eingang zur Markenhalle hatten die Arbeiter das Werk zu betreten. Dort befanden sich an Stellwänden zahlreiche Kästen mit numerierten Schlitzen, in denen Uhrkontrollkarten steckten. Vor Arbeitsbeginn zog jeder Arbeiter beim Passieren der Stellwände seine Kontrollkarte und verließ anschließend durch die dahinter gelegenen Ausgänge die Halle. Kurz nach Schichtbeginn wurden die Kästen verschlossen und die Passagen mit Ketten versperrt. Arbeiter, die das Werk verspätet betreten wollten, mußten sich nun erst beim Pförtner melden.

Rechte Seite: Stempeln der Kontrollkarte in der Werkstatt. In jedem Meisterschaftsbereich befanden sich eine Stempeluhr mit den dazugehörigen Kartenkästen. Im Arbeitsanzug war die Kontrollkarte vor Arbeitsbeginn und nach Schichtende in den Spalten „Kommt" bzw. „Geht" vom Arbeiter eigenhändig zu bestempeln. Während der Arbeitszeit steckten die Karten in den vom Meister verschlossenen Kästen. Vor dem Verlassen des Werkes mußte die Karte in der Markenhalle wieder unter der entsprechenden Kontrollnummer abgelegt werden.

Vestibül des Verwaltungsgebäudes um 1913. Hinter der Tür zwischen den beiden Heizkörpern befand sich der Konferenzraum, dem sich links das Zimmer Conrad v. Borsigs und die Räume des Korrespondenzbüros anschlossen. Die beiden bronzenen Schmiede waren Geschenke befreundeter Firmen zum 75jährigen Firmenjubiläum.

Rechte Seite: Ansicht des Verwaltungsgebäudes von der Hofseite um 1909. Im Erdgeschoß fanden weiter die kaufmännischen Büros, die Zimmer der Chefs bzw. der Direktoren Platz. In den beiden folgenden Stockwerken lagen die Konstruktionssäle mit den Räumen der Abteilungsleiter und der Bibliothek. Im Bodengeschoß hatte man Zeitungsarchiv und Lichtpausanstalt untergebracht. Das Untergeschoß nahm den Drucksachenraum, die Materialbestellung sowie das Übersetzungsbüro und bis 1912 das Kasino für die Beamten auf.

Borsigsche Zentralverwaltung in der Chausseestraße 6 um 1901. Das Haus wurde 1899 ebenfalls nach Plänen von Reimer & Körte in der Nähe der ehemaligen Maschinenbauanstalt vor dem Oranienburger Tor errichtet. Von dem dort niedergerissenen Wasser- und Uhrenturm stammte die auf dem Südgiebel wieder aufgestellte Wetterfahne. Die Ladengeschäfte im Erdgeschoß wurden vermietet. Im ersten Stockwerk war das Zentralbüro des Tegeler Werkes, im Querflügel die Geschäftsräume des Borsigwerkes Oberschlesien untergebracht.

Auf eine Konsole des Schlußsteines über dem Haupteingang des Zentralbüros wurde unter einen kupfernen Baldachin ein Schmied mit Schurzfell gestellt. Die von dem Bildhauer Riegelmann modellierte und von Lind in Kupfer getriebene Figur sollte das Handwerk versinnbildlichen, dem die Firma Borsig ihren Weltruf zu verdanken hatte.

Arbeitszimmer des Direktors Räusch im Zentralbüro 1918. Links neben dem Bücherschrank mit der Büste des Firmengründers hing die heute verschollene gußeiserne Tafel, die August Borsig als Factor der Egellsschen Neuen Gießerei anläßlich der Geburt seines Sohnes Albert gießen ließ: „Vivat! der kleine Factor den 7ten März 1829."

Sitzungszimmer im Zentralbüro 1918. Bevor das Verwaltungsbüro der Maschinenbauanstalt am Oranienburger Tor der Spitzhacke zum Opfer fiel, wurden eichene Paneele, Türen und Möbel, die alle auf Entwürfe von Johann Friedrich Strack zurückgingen, entfernt und im Neubau wiederverwandt. Im Hintergrund ist die Prunkvase zu erkennen, die Albert Borsig von seinen Beamten und Meistern anläßlich des 25. Firmenjubiläums 1862 geschenkt wurde.

Blick aus dem Verwaltungsgebäude nach Südosten im Winter 1909.
Mit dem Bau der Fabrikanlagen wurde 1896 auf dem Eckgrundstück Berliner Straße 70/Gaswerkstraße 6 ein Wohnhaus für die Beamten des Werkes errichtet.

Die Arbeiterwohnhäuser Berliner Straße 69 und 34 (v. l. n. r.) gehörten der Schiff- und Maschinenbau AG Germania, die 1910 von Borsig erworben wurde.
Im Hintergrund sind die Backsteinbauten des Gaswerks VI der Stadt Berlin, dem späteren Gaswerk Tegel, zu erkennen.

Östlich des Verwaltungsgebäudes wurde anläßlich des 75jährigen Firmenjubiläums 1912 in einem Parkgelände ein neues Kasino für die Arbeiter und Angestellten des Werkes von dem Gemeindebaumeister Fischer errichtet.

Der 32 m lange und 19 m breite Saal diente den Arbeitern als Speiseraum. 1923 ermöglichten 11 Dampfkochkessel von je 600 l Inhalt, ein vierteiliger Kochherd, eine Schlächtereieinrichtung, eine Kühlanlage und ein Gemüseputzraum eine schnelle Verpflegung der mehr als 6000 Personen starken Belegschaft. Der kleine Speisesaal blieb den Angestellten vorbehalten.

Bibliothek im Kasino um 1918.

Billardzimmer im Kasino um 1918.

Arbeiter der „Germania-Gießerei" vor der Montagehalle in der Egellsstraße 1894. Aus einem von Franz Anton Egells um 1836 am Tegeler See angelegten Eisenhammer war 1882 die Schiff- und Maschinenbau AG Germania hervorgegangen. Nach der Übernahme des Unternehmens durch die Firma Fried. Krupp wurde die Produktion bald eingestellt. Das von Borsig zunächst gepachtete Werksgelände konnte später erworben und Teile der Belegschaft übernommen werden.
Rechte Seite: Fahrbarer Dampfkran vor der ehemaligen Germania-Montagehalle um 1920. Nach dem Ersten Weltkrieg wurde der stationäre Kesselbau in die Halle an der Egellsstraße verlegt.

![Krananlage im stationären Kesselbau an der Egellsstraße vor 1920]

Krananlage im stationären Kesselbau an der Egellsstraße vor 1920.

Blick in den westlichen Seitenflügel und die Haupthalle der ehemaligen „Germania-Gießerei" am Eisenhammerweg
vor ihrem Umbau 1934.

Fahrbarer Drehkrahn und im Abriß begriffene Werkstätten auf dem Germania-Gelände um 1915.

Südlich der Germania-Werkstätten lag ein als „Germania-Park" bezeichnetes Waldstück, das Borsig 1912 von der Fried. Krupp AG erwerben konnte. Im folgenden Jahr errichtete die Firma in dem Park eine Villa für den langjährigen Betriebsdirektor Paschke.

Blick in den Wintergarten der Villa.

Mit Ausbruch des Ersten Weltkrieges wurde Borsig sofort zu Heereslieferungen herangezogen, die umfangreiche Werkserweiterungen erforderlich machten. Zwischen Herbst 1916 und Sommer 1917 entstanden südlich der kassierten Borsigstraße eine Geschoßabnahmehalle, eine Kanonenwerkstatt und ein neues Stahlwerk, während westlich der Schöneberger Straße eine Geschoßzieherei errichtet wurde (von links nach rechts).

43

Das habe ich ganz allein gemacht

so sah es aus

dann so

fertig!

dann so

dann so

Durch Zerlegung der Bearbeitung von Kupplungsbolzen in vier einzelne Arbeitsgänge, wie es die Bilder 2-5 zeigen, kann dasselbe Stück das früher ein Facharbeiter fertigstellte, von einer angelernten Arbeiterin angefertigt werden.

Den kriegsbedingten Facharbeitermangel versuchte man durch den Einsatz weiblicher Arbeitskräfte zu kompensieren, die nach entsprechender Einarbeitung die Arbeitsplätze ihrer eingezogenen Kollegen übernahmen.

Blick in die Abteilung Zünder- und Einzelteilbau, die Geschoßabnahmehalle und die Kanonenwerkstatt.

Produktion von Waffenteilen und Munition im Tegeler Werk.
Ziehen von 42 cm-Granaten in der Geschoßzieherei; Einziehen des Dralls an Seelenrohren; Bearbeiten von Kanonenrohren an der Drehbank; Fräsen von 42 cm-Granaten an der Fräsmaschine.

Kriegsversehrte Arbeiter kehrten nach ihrer Genesung und Entlassung aus dem Militärdienst wieder in das Werk zurück und wurden u. a. auch in der Munitionsproduktion eingesetzt.

Gemeinsam mit einer Arbeiterin verschraubt ein Armamputierter Granaten.

In der zweiten Hälfte des Ersten Weltkrieges wurden erstmalig auch türkische Arbeiter für die laufende Produktion angelernt.

Türkische Arbeiter beim Schmieden unter Aufsicht eines Facharbeiters.

Blick aus dem Beamtenwohnhaus in der Berliner Straße 70
auf die kassierte Borsigstraße mit der südlichen Werkserweiterung, der Markenhalle und dem Verwaltungsgebäude um 1918.

Hinter der Halle zum Geschützrohrbau ist das Tegeler Lyzeum zu erkennen,
das nach 1923 als betriebseigene Werkschule genutzt wurde.

Neubau der Lokomotiv-Reparaturwerkstatt im Oktober 1921.

Rohbau der Lokomotiv-Reparaturwerkstatt im November 1921 und nach der Fertigstellung im Januar 1923.
Blick auf den Neubau der Verlade- und Autohalle mit der „Benzin-Füllstation" im Sommer 1921 (von links nach rechts).

Erweiterung des werkseigenen Hafens am Tegeler See im November 1922. Im Hintergrund ist das ehemalige Klippensteinsche Ausflugslokal „Seeschlößchen" an der Spandauer Straße zu erkennen, das 1914 von Borsig erworben wurde. Bis zum Ende des Ersten Weltkrieges waren hier die bei Borsig arbeitsverpflichteten russischen Kriegsgefangenen untergebracht. Später hielt die Neuapostolische Kirchengemeinde bis zu ihrem Umzug in ein eigenes Gebäude im ehemaligen Tanzsaal ihre Gottesdienste ab.

Die neuen Hafenanlagen nach der Fertigstellung der Verladeeinrichtungen mit Hängehochbahn zur Kohlenförderung und Kohlentiefbunker nach 1923.

Balancier-Dampfmaschine auf dem Werkshof vor dem Verwaltungsgebäude um 1915. Die Dampfmaschine wurde von Borsig 1859 nach Spremberg geliefert und konnte später nach 54jähriger Betriebszeit durch das Unternehmen zurückerworben werden. Bestellt mit einer Leistung von 35 PS, arbeitete sie zuletzt mit 135 PS.

Alte Walzenzugmaschine vor der 1921 errichteten Verladehalle. Beide Maschinen befinden sich heute im Museum für Verkehr und Technik.

Schalterraum des neuen Lohnbüros. Zwischen 1922 und 1924 wurde nach Plänen der Architekten Eugen G. Schmohl und A. Hillenbrand südlich des Haupttores an der Berliner Straße ein neues Verwaltungsgebäude errichtet, in dem Lohnbüro und Betriebskrankenkasse untergebracht worden waren. Der expressionistische Bau mit gotisierenden Elementen wurde von den Arbeitern gern als „Lohnkirche" bezeichnet.

Bau des Borsig-Turmes nach Plänen Eugen G. Schmohls unter der Mitarbeit von A. Hillenbrand. Ungünstige Witterung, Streiks und schwierige Materialbeschaffung verzögerten die Fertigstellung bis zum Frühjahr 1924. Der Grundstein zum Bau des Verwaltungshochhauses zwischen dem alten Betriebsbüro und dem ehemaligen Zentralmagazin wurde im September 1922 gelegt. Aufnahmen vom 4. Oktober 1922, vom 5. Januar, 28. März und 30.Juli 1923 (von links nach rechts).

Der Borsig-Turm nach seiner Fertigstellung im Sommer 1924. Mit einer Gesamthöhe von 65 m gilt er als erstes in Berlin errichtetes Hochhaus.

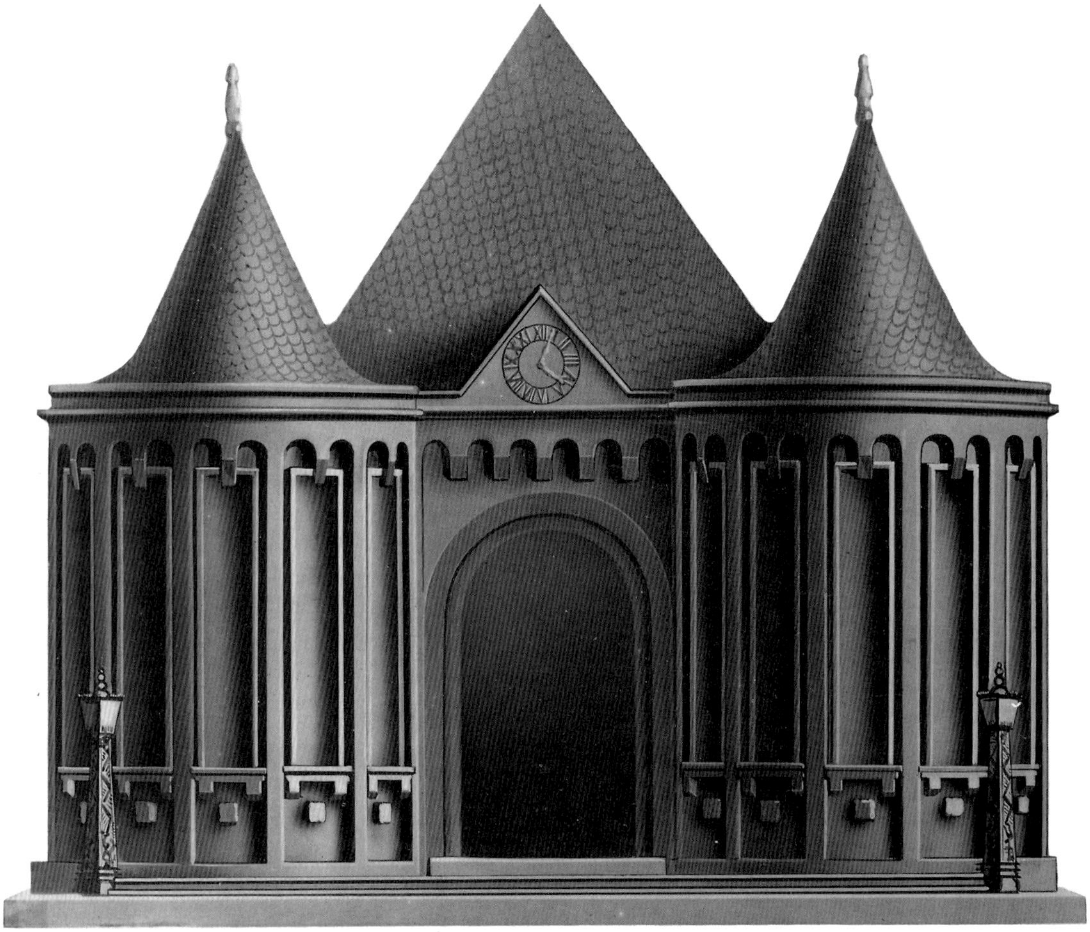

Modelle der geplanten Umgestaltung des Haupteinganges 1923. Schmohl hatte den Auftrag erhalten, zusammen mit dem Neubau des Lohnbüros den gesamten Torbereich des Werkes neu zu gestalten, wobei eine Ehrenhalle für die 1914–1918 gefallenen Arbeiter und Beamte zu integrieren war. Einsprüche des Betriebsrates und finanzielle Schwierigkeiten verhinderten die Ausführung des Projektes.

Luftaufnahme des Tegeler Werkes aus Westen um 1925.
Im Hintergrund sind Borsigwalde und das Gaswerk Tegel deutlich zu erkennen.

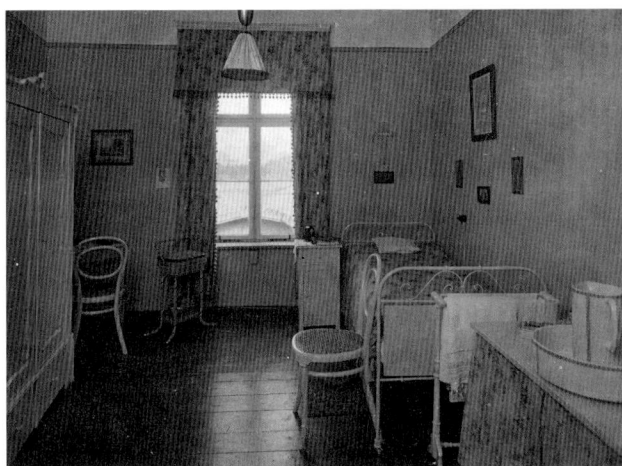

Das Margarethenheim in der Spandauer Straße 13.
Zu den Wohlfahrtseinrichtungen der Firma Borsig gehörten in Tegel auch 2 Kinderheime. Das zunächst von Margarethe v. Borsig in der Räuschstraße eingerichtete Heim wurde nach Kriegsende auf das Werksgelände verlegt. 1923 wurden dort unter der Leitung der Diakonissin Schwester Frieda Claus 115 Kinder von Werksangehörigen betreut. Blick auf den Spielplatz, in das Spielzimmer und das Schlafzimmer der Schwester (von links nach rechts).

Lehrzimmer im Margarethenheim 1923. Im Hintergrund Schwester Frieda Claus.

Ansicht des Margarethenheimes in der Spandauer Straße 13.
1916 bot sich für Borsig die Möglichkeit, von Mathilde Ernst das letzte noch nicht zum Werk gehörige Grundstück östlich der
Spandauer Straße für 45 300 Mark zu erwerben. Nach dem Umbau des Wohnhauses zog das Heim in dessen Räume.

Blick über die Ernst- in die Räuschstraße der ehemaligen Kolonie Borsigwalde vor 1918. Östlich des Werkes ließ Borsig auf dem von der Terraingesellschaft Tegel erschlossenen Gelände seit 1899 eine Reihe von Arbeiter- und Beamtenwohnhäuser errichten, die den Zuzug dringend benötigter Arbeitskräfte nach Tegel forcieren sollte.

Gärten und Lauben der Arbeiter in der Kolonie Borsigwalde um 1911. Rechts unten: Ansicht des Kinderheimes Borsigwalde um 1920.

Blick in den zu einer Arbeiterwohnung gehörigen Garten in der Kolonie 1902.

Zur Verbesserung der Versorgung der Belegschaft mit Kartoffeln und Gemüse stellte Borsig während des Ersten Weltkrieges seinen Arbeitern und Beamten Ackerland zur Verfügung.

Erste Maifeier nach der Machtübernahme der Nationalsozialisten auf dem Werkshof vor dem Verwaltungsgebäude 1933.
Wenige Tage zuvor war die Familie Borsig aus dem Unternehmen ausgeschieden, das von der am 28. April als Tochter der
Rheinischen Metallwaren und Maschinenfabrik AG gegründeten A. Borsig Maschinenbau AG übernommen wurde.

Betriebsfeier in der Verladehalle 1934.

DAS BORSIGWERK IN OBERSCHLESIEN

Borsig in Berlin-Tegel ist ein Begriff, ganz in Vergessenheit geraten ist dagegen das Schwesterwerk im damaligen Oberschlesien. August Borsig selbst pachtete kurz vor seinem Tode 1854 das Gelände, auf dem dann Gruben- und Hüttenwerksanlagen, das Borsigwerk, entstanden. Zum Jubiläum des 75jährigen Bestehens 1929 beschäftigten die Borsigschen Betriebe in Oberschlesien rund 10000 Mann, doch die allgemeine schlechte wirtschaftliche Lage zwang zur Aufgabe des Werkes in der bisherigen Form. Zur Jahresmitte 1932 übernahm die Borsig- und Kokswerke G.m.b.H. die Anlagen des Borsigwerks, nachdem schon zuvor die Hochöfen stillgelegt wurden.

August Borsigs Absicht bestand darin, die Berliner Produktionsstätten in der Chausseestraße und in Moabit, wo seit 1850 das Eisenwerk in Betrieb war, mit eigener und billiger Kohle zu versorgen. Weiterhin war vorgesehen, in einem noch zu errichtenden Eisenwerk in Oberschlesien Eisensorten geringer und mittlerer Güte aufgrund der niedrigen Kohlenpreise billig herzustellen. Doch schon bald sollte sich die ungünstige geographische Lage bemerkbar machen. Denn das Borsigwerk mit seinen Steinkohlegruben und dem Hüttenwerk lag in Ostoberschlesien zwischen Gleiwitz (Gliwice) und Beuthen (Bytom) bei Biskupitz (ab 1927 Stadtteil von Hindenburg, dem früheren und heutigen Zabrze). Zwar bestanden schon von Anfang an gute Eisenbahnverbindungen nach Norddeutschland, Österreich und Polen, dessen Grenze etwa 15 km östlich des Borsigwerks verlief, doch stiegen die Frachtkosten durch die großen Entfernungen zu den Absatzgebieten (z. B.

nach Berlin über 400 km). Für den Transport zu Wasser oder als Verbindung zu den Seehäfen schied die über den Klodnitzkanal erreichbare Oder als Schiffahrtsstraße wegen des geringen Wasserstandes weitgehend aus.

Die Entwicklung der oberschlesischen Industrie war zahlreichen Konjunkturschwankungen und Krisen unterworfen. Dank des Reichtums an Bodenschätzen und der staatlichen Förderung Preußens hatte sich Schlesien gegen Ende des 18. und zu Beginn des 19. Jahrhunderts industriell stark entwickelt. Neue, die einheimische Eisenindustrie schützende Zölle führten nach 1844 zu einem Aufschwung in Oberschlesien, denn zu dieser Zeit bezog Preußen die Hälfte seines Eisens aus England. Die Jahre zwischen 1860 und 1870 waren weniger erfreulich; u. a. wurde Schlesien zum Aufmarschgebiet preußischer Truppen gegen Österreich im Jahre 1866. Nach der Reichsgründung 1871 stieg der Eisenverbrauch in Deutschland pro Kopf auf das 1½-fache und auch das hinzugekommene Elsaß-Lothringen konnte den Bedarf nicht decken. Die Produktionskapazitäten wurden überall erweitert und die Zölle für ausländisches Eisen ermäßigt. Doch der Boom der Gründerjahre währte nicht lange. Der Eisenverbrauch in Deutschland ging zurück, England exportierte zu Schleuderpreisen und zahlreiche Stillegungen waren in Oberschlesien um 1880 die Folge. Um im Wettbewerb mit anderen Eisenrevieren bestehen zu können, ging man in Oberschlesien von der Produktion von Massenware ab und widmete sich verstärkt der Veredelung des Eisens zu hochwertigen Stahlsorten, wobei um die Jahr-

hundertwende bereits die Hälfte des Eisenerzes importiert werden mußte. Verschiedene Unternehmungen gliederten Betriebe an, so daß sie nunmehr vom Grundstoff bis zum Fertigprodukt alles selbst herstellen konnten. Beim Borsigwerk lag dies bereits in der Absicht des Gründers bzw. von dessen Sohn Albert.

Die von August Borsig 1854 gepachteten Grubenfelder Hedwigs-Wunsch, Berthawunsch und Gute Hedwig aus dem Fideikommißbesitz der Grafen von Ballestrem und das mit Wirkung vom Beginn des Jahres 1855 gekaufte Gelände für ein Hochofenwerk wurden von Albert Borsig zielstrebig erschlossen, bebaut und erweitert. Der erste Schacht der Hedwigs-Wunsch-Grube wurde 1856 abgeteuft, 1929 zählte diese Grube mit den 6 Schächten zu den größten oberschlesischen Gruben. Die Belegschaft stieg bis 1870 auf rund 1000 Mann, stagnierte bis 1900, um dann mit Ausnahme zu Beginn des Ersten Weltkrieges bis Ende der zwanziger Jahre auf 4000 Mann anzusteigen. 1867 erwarb Albert Borsig die ersten Anteile des Steinkohlenbergwerkes Ludwigs-Glück. Die Stärke der Belegschaft betrug 1910 rund 1000 Mann und näherte sich Ende der zwanziger Jahre der Zahl 3000.

Wegen steigender Gestehungskosten im Eisenwerk Moabit entschloß sich Albert Borsig, neben der 1863 begonnenen Hochofenanlage in Oberschlesien auch ein Schweiß- und Puddelwerk, ein Dampfhammerwerk mit mechanischer Werkstatt, ein Stabeisen-Walzwerk und ein Blechwalzwerk mit Bördelei zu errichten. Der Betrieb in den Moabiter Walzwerken wurde dafür in den Jahren 1869 bis 1872 eingestellt. Die Fachkräfte für das Hüttenwerk in Oberschlesien stammten aus dem Moabiter Eisenwerk und wurden in der 1868 fertiggestellten Kolonie in der Nähe des Werkes untergebracht. Die beiden ersten Hochöfen mit je 200 m³ Rauminhalt wurden im Jahre 1865 angeblasen, die anderen Werke drei Jahre später in Betrieb genommen. Während andere Werke noch lange das Puddelverfahren beibehielten, besaß das Borsigwerk bereits 1872 ein Siemens-Martin-Stahlwerk, das sowohl weichstes Flußeisen als auch harten Stahl erzeugte. Das Borsigwerk belieferte nicht nur den eigenen Lokomotiv- und Maschinenbau in Berlin, sondern fand für seine hochwertigen Stahlsorten auch fremde Abnehmer wie Eisenbahnverwaltungen, Heer und Marine.

Als im Jahre 1894 die Söhne Albert Borsigs ihr Erbe antraten, war Arnold derjenige, der nach dem Studium des Berg- und Hüttenwesens die oberschlesischen Besitzungen leiten sollte. Doch waren ihm nur drei Jahre vergönnt. Als er am 1. April 1897 wegen eines Grubenbrandes in die Hedwigs-Wunsch-Grube einfuhr, kam er bei einer Explosion mit fünf seiner Gefährten ums Leben. Alleinige Inhaber des Werkes wurden Ernst und Conrad Borsig. Die Leitung übernahm 1898 der Generaldirektor Adolf Märklin, ab 1919 Karl Euling.

Die A. Borsigs Berg- und Hüttenverwaltung zu Borsigwerk O.-Schl. umfaßte den Bergwerksbetrieb und den Hüttenbetrieb. Zum Bergwerksbetrieb gehörten fünf Steinkohlegruben, wobei die ganze Förderung über die Förderschächte auf Hedwigs-Wunsch und Ludwigsglück erfolgte. Um 1902 hatte die Belegschaft eine Stärke von etwa 3200 Mann bei einer Jahresförderung von rund 1 Million Tonnen Steinkohle. Die Fördermaschinen stammten aus dem Tegeler Werk, das damals noch eine Abteilung für Bergwerksmaschinen besaß. Die Grube Ludwigsglück lag etwa 3 km östlich des eigentlichen Borsigwerkes, direkt an der Bahnlinie Gleiwitz-Beuthen, zwischen Mikultschütz und Zabrze. Neben den Förderschächten der Hedwigs-Wunsch-Grube südlich des Bahnhofs Borsigwerk befand sich der Hüttenbetrieb auf einem ca. 18 ha großen Grundstück. Im Jahre 1902 gehörten zum Hüttenbetrieb eine ganze Reihe von Einzelanlagen.

Das Hochofenwerk mit Gießerei, Kokerei sowie Teer- und Ammoniakfabrik hatte eine Belegschaft von 480 Mann. In den zwei Hochöfen gelangten oberschlesische Brauneisenerze, schwedische Magneteisensteine, steirische und ungarische Rostspate, spanische Bilbaospate, südrussische Manganerze, Schwefelkiesabbrände und Eisenschlaken zur Verhüttung und die Roheisenproduktion lag bei 52000 Tonnen. Der für den Hochofenbetrieb erforderliche Koksbedarf von 63000 Tonnen konnte in der neuen, 1897/98 gebauten Koksofenanlage, bei der als Nebenprodukte Teer, Ammoniak und Benzol abfielen, selbst gedeckt werden.

An die Hochofenanlage schlossen sich das alte und neue Stahlwerk an, die zusammen acht Siemens-Martin-Öfen zählten, und die Stahlformgießerei mit 360 Arbeitern einschließlich der Meister und Ingenieure. Die Produktion an Blöcken und Stahlformguß betrug 42000 Tonnen. In den Stahlwerken wurden fast ausschließlich Qualitätsmaterialien erzeugt, von den weichsten für Kesselbleche bis hin zu den härtesten Stahlsorten. In der Stahlformgießerei wurden u. a. für das Berliner

Verwaltungsgebäude des Borsigwerks in Oberschlesien.

Fördertürme der Grube Ludwigsglück.

Eingang zur Hedwigs-Wunsch-Grube. Diese Grube zählte zu den größten oberschlesischen Gruben.

Laderampe am Augustschacht der Hedwigs-Wunsch-Grube 1902.

Schwesterwerk Radsterne und andere Lokomotiv-
teile gegossen.

Eine weitere Einheit bildeten das Puddelwerk,
das Stabeisen- und das Blechwalzwerk mit fast 600
Mitarbeitern. Das Puddelwerk mit 30 Puddelöfen,
in denen das kohlenstoffhaltige Roheisen in spe-
ziell ausgekleideten Flammöfen unter Umrühren
gefrischt wurde, lieferte dem Stabeisenwalzwerk
Schweißeisen. Das Borsigwerker Schweißeisen er-
freute sich eines guten Rufes, wenn es auch im
Laufe der Zeit immer mehr durch das Flußeisen
verdrängt wurde. Ein 1869 errichtetes Chemisches
Laboratorium und eine seit 1873 bestehende me-
chanisch-technische Versuchsanstalt sorgten für
die Qualitätskontrolle. Alle drei Werke besaßen
zahlreiche Walzstraßen, Dampfhämmer, Wärm-
und Schweißöfen und entsprechende Bearbei-
tungsmaschinen. Die stärkste Schere im Blechwalzwerk schnitt Bleche bis zu einer Dicke von
45 mm. Mit Stoßmaschinen wurden Lokomotiv-
rahmenbleche ausgestoßen. Nach dem Beschnei-
den gelanten die Bleche in Glühöfen, um die Span-
nungen oder Gefügeveränderungen zu beseitigen.
Gewalzt wurden hauptsächlich Bleche für Kessel,
Artilleriematerial, Deckpanzerbleche und als Spezialität Bleche für die Tresorfabrikation. Dem
Blechwalzwerk angegliedert waren das Bördel-
und Presswerk. In besonderen Gesenken preßte
man hydraulisch Kesselböden bis zu 3 Meter im
Durchmesser und einer größten Tiefe von 1 Meter.

Das Hammerwerk, das Bandagenwalzwerk
(nahtlose Ringe und Radbandagen für Lokomotiv-
räder) und die mechanische Werkstatt beschäftigten 250 Mitarbeiter. Im Hammerwerk arbeiteten
16 Dampfhämmer mit Bärgewichten von 1 bis 15
Tonnen und eine hydraulische Schmiedepresse mit
einem Arbeitsdruck von 2000 Tonnen, die in Tegel
gefertigt wurde. Werkzeugmaschinen zum Fräsen,
Bohren und Sägen, Hobelmaschinen und Dreh-
bänke gehörten zur Ausstattung der mechanischen
Werkstatt. Die schwerste Werkzeugmaschine war
eine Drehbank, auf der Wellen bis zu einer Länge
von 29,5 m gedreht und hohl gebohrt werden
konnten. Alle Maschinen wurden elektrisch angetrieben, so daß die herkömmliche Transmissions-
anlage entfiel.

Eine Anlage verdient noch Erwähnung, obwohl
sie erst 1904/1905 errichtet wurde: das Ketten-
walzwerk. Borsig übernahm von dem Belgier A.
Masion ein Patent zur Herstellung von Ankerketten, um dem zurückgehenden Schweißeisenabsatz
entgegenzuwirken. Bei dem neuen Verfahren

Andacht vor der Einfahrt.
Kapelle im Zechenhaus des Borsigwerks 1902.

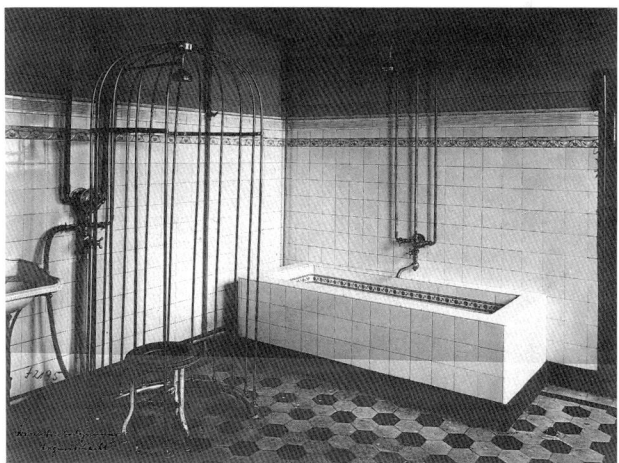

Badezelle für den Bergwerksdirektor.

Inneres der Mannschaftsbadeanstalt mit Brausen und
Kleideraufzügen, Hedwigs-Wunsch-Grube.

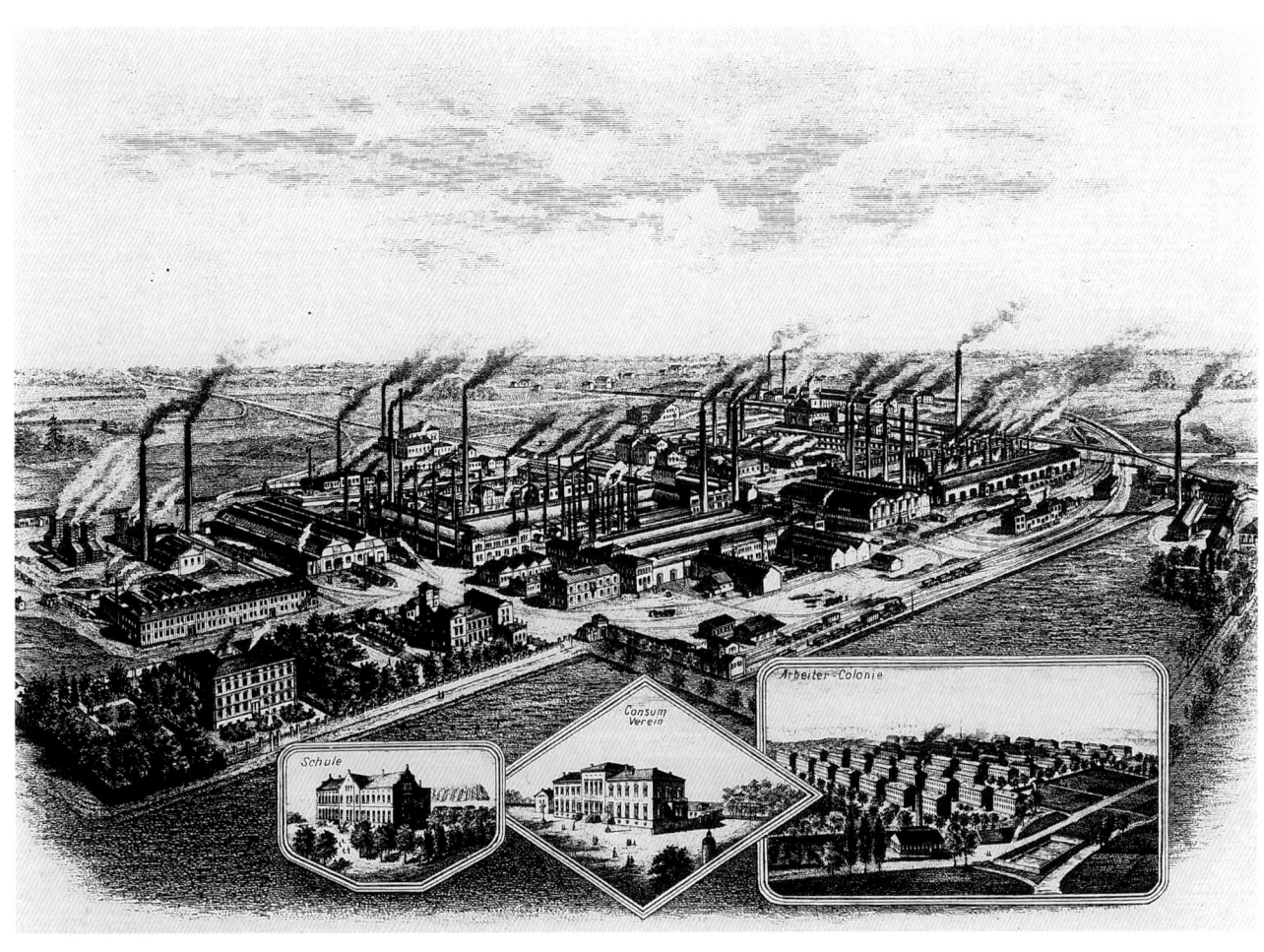

Ansicht des Borsigwerks 1913.

Im Blechwalzwerk, 1902.

Im Stabeisenwalzwerk 1902.

Die große Blechschere im Blechwalzwerk 1902.
Bleche bis zu 45 mm Stärke konnten mit dieser Schere geschnitten werden.
Zur Auflage der Bleche dienen die sogenannten Schwanenhälse im Vordergrund.

Feierabend im Hammerwerk 1902.

Kettenwalzapparat für das Ringwalzverfahren 1909.

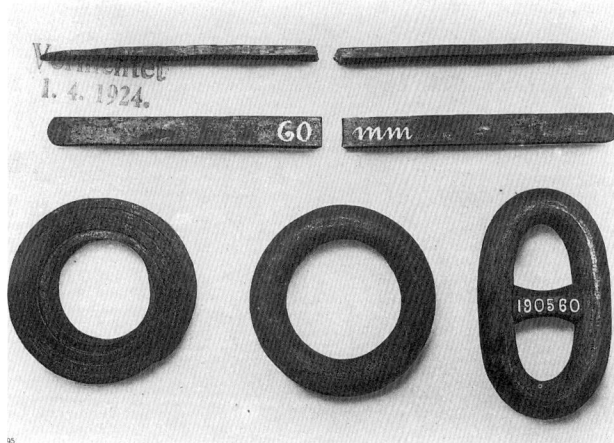

Kettenglieder, die aus einem spiralförmig aufgewickelten
Flachstab entstanden sind.

Kolonie Borsigwerk, Ende der zwanziger Jahre.

wurde das einzelne Glied nicht mehr aus einem Rundeisenstück gebogen und an der Berührungsstelle verschweißt, sondern bei diesem neuen Ringwalzverfahren wurde Flacheisen zu einem Ring mehrfach aufgewickelt. Solche Ketten waren weitaus haltbarer als herkömmliche.

Neben den genannten Betrieben gab es im Borsigwerk noch Hilfsbetriebe wie die 1897 errichtete elektrische Kraftzentrale, Wasserstation, Gasanstalt, Reparaturwerkstatt und eine Schmalspurbahn innerhalb des Werkes mit 16 km Gleislänge, 7 Lokomotiven und 170 Transportwagen.

Das Borsigwerk gehörte zur Gemeinde Biskupitz, deren Einwohnerzahl von 1854 bis 1901 auf das Fünfzehnfache gestiegen war und 12050 Einwohner zählte. Die Kolonie Borsigwerk hatte eine Fläche von 19 ha.; 113 Wohnhäuser für Beamten- und Arbeiterfamilien (1411 Wohnungen), 3 Arbeiter-Logierhäuser für 430 unverheiratete Arbeiter (Kosten für Wohnung, Bettwäsche und Handtücher täglich 8 Pfennige) und 1 Hüttengasthaus als Erholungsstätte gehörten zum Borsigwerk im Jahre 1901. Für »weibliche Arbeiter« gab es zwei Aufenthalts-, Speisehäuser mit zwei Kochherden und Waschhäuser. Seit 1898 besaß die Kolonie elektrische Straßenbeleuchtung, eine Trinkwasserleitung und eine von der Werksverwaltung in Angriff genommene Kanalisation. Das Schulhaus in der Kolonie enthielt einen Betsaal und fünf Schulklassen, in denen 336 Kinder von fünf Lehrern unterrichtet wurden. In einer Spielschule sorgte sich eine Lehrerin um 60 Zwei- bis Fünfjährige. »Um dem Mißbrauch alkoholischer Getränke entgegenzuarbeiten«, richtete die Werksverwaltung eine Kaffeeküche ein, die unentgeltlich 46000 Liter Kaffee im Jahre 1901 an die Arbeiter ausschenkte. Außerdem wurden 15000 Flaschen Mineralwasser zum Preise von 8 Pfennigen pro Flasche verkauft. Eine Volksbibliothek mit 300 Bänden konnte kostenlos benutzt werden.

Der Erste Weltkrieg und die Nachkriegszeit, in der die Feindseligkeiten zwischen Polen und Deutschen offen zu Tage traten, stellten die positive Entwicklung des Borsigwerkes in Frage.

Kurz vor Kriegsausbruch 1914 sanken die Eisenpreise auf einen selten dagewesenen Tiefpunkt. Die durch den Krieg geschaffene Konjunktur bereitete aber ebenfalls Probleme wegen der Einziehung zahlreicher Arbeiter und der Abwanderung ausländischer Arbeitnehmer. Hinzu kam die Beschränkung des Güterverkehrs, so daß die Produkte nicht mehr versandt und das Rohmaterial

Eine Spezialität des Borsigwerks: Gewalzte Ankerketten.
Im Jahre 1909 wurden Ankerketten bis zu 85 mm Gliedstärke gewalzt, die wegen fehlender Schweißnaht besonders hoch belastbar waren. Das Borsigwerk war Lieferant für die kaiserliche Marine.

nicht mehr beschafft werden konnten. Dennoch gelang es unter Verwendung von Kriegs- und Zivilgefangenen, durch Anwerbung weiblicher sowie russisch-polnischer Arbeiter und durch Gründung von Einkaufsgesellschaften, den Bedürfnissen der Kriegswirtschaft gerecht zu werden. Durch den Wegfall der englischen Konkurrenz stieg die Kettenproduktion. Die Produkte des Hammerwerks für Kriegsmaterial und die wachsende Erzeugung von rohen Stahlgußgranaten warfen namhafte Gewinne ab. Die Belegschaft der Stahlformgießerei stieg auf das Zweieinhalbfache. Ende 1914 und Anfang 1915 mangelte es zwar an Erzen, doch nahm die Roheisenproduktion bald wieder zu, nachdem eine in Polen von den oberschlesischen Werken gegründete Alteisenverwertungsgesellschaft Alteisen in den besetzten Gebieten Rußlands erwarb. Die Maßnahmen zur Straffung und Steigerung der Produktion (Hindenburgprogramm) seit August 1916 überstiegen die bisherigen Bestellungen des Kriegsministeriums bei weitem. Die Kohleförderung erreichte den Friedensstand und durch die Vermehrung der Kokserzeugung stiegen die Ammoniakproduktion (für Stickstoffdünger) sowie die Erzeugung von Teer und Benzol. Die begehrten Nebenprodukte erzielten gute Preise. Dennoch konnte im Borsigwerk die Friedensproduktion an Roheisen wegen Verwendung schlechterer Schmelzmaterialien und der verstärkten, aber nicht so ergiebigen Herstellung von Spiegeleisen (Eisen mit hohem Kohlenstoff- und Mangangehalt) nicht erreicht werden.

Am Absatz der Produkte des Hüttenwerkes fehlte es in den Kriegsjahren nicht, nur wurde beklagt, daß die Preise für Granaten zurückgingen, nachdem für die Militärbehörden die Notwendigkeit wegfiel, die erste Entwicklung dieser neuen Fabrikation durch gute Preise zu fördern.

Mit dem Ende des Krieges ergaben sich für das Borsigwerk tiefgreifende Wandlungen. In allen Abteilungen ging die Produktion stark zurück, mit dem Abschluß des Waffenstillstandes stellte man die Fabrikation von Stahlgußgranaten ein. Mit Ausbruch der Novemberrevolution 1918 galten die russisch-polnischen Arbeiter als »unzuverlässig« und wurden entlassen, die Kriegsgefangenen verweigerten die Arbeit, so daß man die Hochöfen zunächst stillegte und dann nur unregelmäßig betrieb. Durch die Markentwertung Anfang 1920 gingen die Preise anfangs in die Höhe, doch wegen des geringen Absatzes auf dem Weltmarkt und der abgeschwächten Nachfrage im Inland nach Eisen

fielen sie gleich darauf wieder. Streiks und die beginnenden heftigen Auseinandersetzungen zwischen Deutschen und Polen erschwerten die Produktion; im Mai 1921 mußte der Betrieb für zwei Wochen eingestellt werden. Der Versailler Vertrag sah die Abtretung Oberschlesiens an Polen vor, die Abstimmung vom März 1921 fiel für Deutschland aus, doch schließlich wurde Ostoberschlesien 1922 polnisch. Die Grenzlinie verlief direkt am Borsigwerk vorbei, so daß das Werk nicht wie so viele andere geteilt wurde. Das vorher einheitliche Wirtschaftsgebiet wurde zum Torso: Von 67 Steinkohlegruben kamen 53 an Polen.

Um zu überleben, schlossen sich verschiedene oberschlesische Gruben und Hüttenwerke zusammen. Das Borsigwerk hielt sich dabei abseits. Technisch bestens ausgerüstet, belieferte es vornehmlich das Berliner Stammwerk. Durch seine Spezialisierung nahm es eine Sonderstellung ein. Die weitere wirtschaftliche Entwicklung gestaltete sich sehr uneinheitlich. Schloß das zweite Geschäftsjahr 1921 – ein Jahr zuvor wurde das Borsigwerk zur Aktiengesellschaft – mit einem Verlust ab, so wies das dritte eine Dividende von 50% auf. Doch diese »märchenhafte« Dividende täuschte und im Geschäftsbericht wurde der Sachverhalt auch gleich zurechtgerückt: Wegen der Markentwertung entsprach die Dividende bei einem Dollarstande von 1650 am 30. September 1922 (Ende des Geschäftsjahres) einer Golddividende von etwas mehr als $1/8\%$. Da sie aber erst im Februar 1923 zur Auszahlung gelangte und die Mark auf den 10 000. Teil ihres Wertes gesunken war, ergab sich so nur eine Golddividende von 0,005%.

Als im Jahre 1923 durch die Besetzung des Ruhrgebietes die rheinisch-westfälische Industrie in ihrer Leistungsfähigkeit eingeschränkt wurde und durch die Entwertung der Mark die Nachfrage sich belebte, waren sämtliche Abteilungen des Hüttenwerks kurzfristig voll beschäftigt.

Trotz der unsicheren Lage erhoffte man sich durch Investitionen eine Verbesserung: 1921/22 Umbau des Großblechwalzwerkes, 1923 Erweiterung der mechanischen Werkstatt für Lokomotivradsatzfabrikation, 1924 Inbetriebnahme eines neuen Bandagen- und Ringwalzwerkes mit Vergütungsanlage und Bau einer Drehrostgeneratoranlage, 1925/26 Erweiterung der Gasschweißerei, 1926 Inbetriebnahme eines neuen Triomittelblechwalzwerkes und Bau einer Kokskohlentransport-, Misch- und Mahlanlage, ebenfalls 1926 Aufstellung einer Kümpelpresse von 1000 Tonnen

Luftaufnahme des Borsigwerks in Oberschlesien, Ausschnitt um 1927.
Vorne links der Augustschacht, hinter dem freien Platz das Hochofenwerk, links davon das neue Stahlwerk und das Walzwerk. Zu dieser Zeit beschäftigten die Borsigschen Betriebe in Oberschlesien rund 10 000 Mann.

Preßdruck im Bördelwerk und 1928 Errichtung einer modernen Adjustageanlage für Mittelbleche.

Doch alle Anstrengungen waren vergeblich. Die unbefriedigende Lage des Roheisenmarktes zwang dazu, im November 1928 den Betrieb des ersten Hochofens einzustellen und im März 1929 auch den letzten noch unter Feuer stehenden Hochofen auszublasen. Einen Monat später, am 5. April 1929, feierte man im Borsigwerk das 75jährige Bestehen des Werkes, das 10 000 Menschen Arbeit bot. In der zu diesem Anlaß erschienenen Festschrift wurde die technische Entwicklung in den Vordergrund gestellt, die unerfreuliche wirtschaftliche Seite dagegen weitgehend ausgeklammert.

1931 faßte man den Entschluß, das Hüttenwerk stillzulegen: 2500 Arbeiter wurden zwischen Ende 1929 und Mai 1932 arbeitslos. Hinzu kamen wei-

tere 2700 bei den Gruben und der Kokerei. Hilfe aus Berlin war nicht zu erwarten. Das Tegeler Werk, die Firma A. Borsig, bestand bereits seit dem Jahresende 1931 nicht mehr in dieser Form. Die A. Borsig Zentralverwaltung G.m.b.H. Berlin erhielt sogar auf Grund besonderer vertraglicher Abmachungen den größeren Teil aus dem Erlös der Hüttenverwertung. Mit der Kokswerke & Chemische Fabriken A.G., die durch Aktienbesitz an der Borsigwerk Aktiengesellschaft beteiligt war, schloß man zunächst eine Betriebsgemeinschaft, die als neu gegründete Borsig- und Kokswerke G.m.b.H. ab 1. Juli 1932 die Anlagen beider Aktiengesellschaften übernehmen sollte. Der letzte Geschäftsbericht, in dem dies angekündigt wurde, schloß mit einem Appell an die Regierung, die Belastung durch übersteigerte Soziallasten und Steuern von der Wirtschaft zu nehmen, die ihr, so die Formulierung, jede Lebensmöglichkeit nahm.

Im Jahre 1923 war die Verwaltung des Werkes in zwei Hauptgruppen geteilt:

1. Allgemeine Verwaltung und
2. Betriebsverwaltung.

   Zu ersterer gehören die kaufmännischen und die technischen Büro-Abteilungen. Der Betriebsverwaltung unterstellt sind alle praktischen Betriebsabteilungen sowie verschiedene technische und andere Büroabteilungen, welche durch ihre Tätigkeit mit dem Betriebe eng zusammenhängen. In nachstehender Aufstellung sind alle diese Abteilungen mit ihren Ordnungsnummern zu ersehen.
3. Tischlerei und Holzlager.
4. Modell-Lager.
5. Eisengießerei.
6. Gußputzerei.
7. Metallputzerei.
8. Hammerschmiede, Gesenk- und Pressenschmiede, Stahlflaschenfabrikation.
9. Kesselschmiede 1 für Lokomotivkessel, Rahmen- und Tenderbau.
10. Mechanische Werkstatt.
11. Lokomotiv-Zusammenbau.
12. Dampfmaschinen-Zusammenbau.
13. Kupferschmiede.
14. Lackiererei.
15. Zentral-Werkzeugmacherei und Fabrikationsbüro.
16.
17. Hauptmagazin
18. Verladehalle und Autohalle.
19. Kesselhaus.
20. Maschinenhaus und elektrische Zentrale
21. Druckluftzentrale.
22. Härterei.
23. Maschinenbetriebs-Abteilung und Reparaturwerkstatt, Sattlerei und Klempnerei.
24. Probierstation für Armaturen.
25. Wohlfahrtseinrichtungen (Verbandstation, Brausebäder).
26. Hof.
27. Germania.
28. Schraubendreherei.
20. Brikettierung.
30. Lehrlingswerkstatt der Tischlerei.
31.
32. Lehrlingswerkstatt der Schlosserei und mechanischen Abteilungen.
33. Reparaturwerkstatt für Werkzeugmaschinen.
34. Entzunderung.
35. Basisches Stahlwerk.
36. Idealventilbau.
37. Kasino und Park.
38. Einzelteilbau für Lokomotiven.
39.
40. Kreisel- und Vacuumpumpenbau.
41. Stehbolzenwerkstatt.
42. Stahlwalzwerk.
43. Zimmerei.
44. Dampfzylinderbau.
45.
46. Vergütungsanlage.
47. Kleinbessemerei.
48. Lokomotiv-Reparatur-Werkstatt.
49. Kesselschmiede II für ortsfeste Kessel und Gefäße, Schiffskessel.
    Materialprüfung.
    Laboratorium.
XIV. Richtabteilung.
XXVI. T.B. Betriebskonstruktions-Abteilung.
XXVII. T.B. Bauabteilung.
    Lohnbüro, Statistik, Krankenkasse.
XX. Vor- und Nachkalkulation und Kalkulation 12/13, Lieferzeitabteilung und Stücklistenbüro.
    Betriebsdruckerei.
    Abteilung 12/13.
    Wach- und Schließdienst-Abteilung.

DIE PRODUKTION IN BERLIN-TEGEL

ORGANISATION

Die Verwaltung der Tegeler Fabrik gliederte sich im Jahre 1906 in drei Hauptabteilungen: die technische Abteilung, die Betriebsabteilung und die kaufmännische Abteilung, von denen jede einem besonderen Direktor unterstellt war.

Die technische Abteilung umfaßte 12 Gruppen unter der Leitung eines Oberingenieurs oder Direktors: Vollbahn-Lokomotiven, Kleinbahn-Lokomotiven, Dampfkessel, Rohrleitungen, Dampfmaschinen, Großgasmaschinen (bis 1908), Pumpen für Wasserwerke und Kanalisationsanlagen, Mammutpumpen, Kompressoren, Bergwerksmaschinen und Zentrifugalpumpen, Eis- und

Kältemaschinen, hydraulische Pressen. Jeder einzelnen Abteilung war ein Technisches Büro zur Bearbeitung ihrer Kostenanschläge, Angebote und Korrespondenzen zugeteilt (Mitte der zwanziger Jahre: T.B.2 Kolbenpumpenbau, T.B.3 Kesselbau, T.B.4 Kompressorenbau, T.B.5 Lokomotivbau, T.B.6 Klein-Lokomotivbau, T.B.7 Kreiselpumpenbau, T.B.8 Kältemaschinenbau, T.B.9 Mammutanlagen, T.B.10 Hydraulik, T.B.11 Kraftpflüge, T.B.12 Chemische Industrie, T.B.13 Guß- und Schmiedestücke, T.B.21 Rohrleitungen, T.B.22 Entstäubungsanlagen, T.B.24 Dampfturbinen ab 1925, T.B.25 Dampfmaschinenbau, vorher bis 1908 bei T.B.2).

Der Betriebsdirektion waren folgende Abteilungen unterstellt, die von je einem Betriebsingenieur oder Obermeister und einem zugeordneten kauf-

männischen Beamten geleitet und gruppenweise noch von mehreren Betriebs-Oberingenieuren überwacht wurden: mechanische Werkstatt, Kesselschmiede, Hammerschmiede, Kupferschmiede, Modelltischlerei, Eisen- und Metallgießerei, chemisches Laboratorium, Lokomotivmontage, Maschinenmontage, Lackiererei, Expedition, Magazinverwaltung, Lohnbüro, Vorkalkulation, Nachkalkulation.

Getrennt vom eigentlichen Betriebe bestand 1906 außerdem unter der Leitung eines Oberingenieurs das Baubüro, dem die Instandhaltung der vorhandenen Baulichkeiten sowie die Entwürfe und Ausführungen aller baulichen Veränderungen und Neuanlagen übertragen waren. Die kaufmännische Abteilung umfaßte folgende Unterabteilungen unter je einem hierfür verantwortlichen Leiter: allgemeine Korrespondenz, Buchhaltung, Kasse, Güterexpedition; Postexpedition, Rechnungen, Materialbestellung, Propaganda, Vertreter, Statistik, Registratur.

Gemeinschaftlich für alle technischen und Betriebsabteilungen waren die nachstehenden Einrichtungen vorhanden: Montagebüro zur Überwachung der auswärtigen Montagen; Paus- und Lichtpausbüro; photographisches Atelier; literarisches Büro für die Werbung; Bibliothek; Modell- und Zeichnungsregistratur; Bestellbüro in der technischen und Einkaufsbüro in der kaufmännischen Abteilung. Die Einordnung war im Lauf der Zeit mehrfachen Änderungen unterworfen.

Lehrlinge des Werkes Tegel mit ihren Lehrgesellen und Meistern, August 1910.
In ihrer Ausbildungszeit fertigten sie Einzelteile, die zu den entsprechenden Maschinen zusammengesetzt wurden. In der Mitte Teile von Entstäubungsanlagen.

Der jüngste und der älteste Arbeiter des Werkes Tegel, Berthold Frost (14 Jahre) und Hermann Künzel (70 Jahre), 1929. ▶

BELEGSCHAFT

LEHRLINGSAUSBILDUNG IN TEGEL:
VOM LEHRLING ZUM GESELLEN

Die Ausbildung der Lehrlinge gehörte zu den Aufgaben der Innungen und der Handwerksmeister. Bei der Einstellung der Fabrikarbeiter konnte die Industrie auf die gelernten Kräfte aus dem Handwerk zurückgreifen. Borsig stellte zwar bereits 1890 in Moabit Lehrlinge ein und bildete sie in den Betriebswerkstätten aus, doch eine eigene Lehrwerkstatt, in der die Grundkenntnisse für die anschließende Beschäftigung im Werk Tegel vermittelt wurden, entstand erst 1909 und nur für einen Teil der Lehrlinge. Eingestellt wurden Lehrlinge für die Schlosserei, Dreherei, Modelltischlerei, Gießerei, Schmiede, Kesselschmiede und für die Kupferschmiede. Außerdem gab es im Werk kaufmännische Lehrlinge. Weder die Dauer noch die Inhalte der Ausbildung waren anfangs genau festgelegt.

Im Jahre 1918, nachdem während des Krieges Mängel in der Facharbeiterausbildung sichtbar geworden waren, entschloß sich die Werksleitung zu einer Neugestaltung der vierjährigen Ausbildung. Drei Jahre waren üblicherweise für die zum Teil neu errichteten oder erweiterten Lehrwerkstätten vorgesehen, dann folgte die Überweisung in die Betriebswerkstätten. Unter Aufsicht von Lehrgesellen und Meistern stellten die Lehrlinge zunächst die Einzelteile her, die sie anschließend zu ganzen Maschinen wie Pumpen, Kompressoren oder Dampfmaschinen zusammensetzten.

Die Lehrlinge waren verpflichtet, für die theoretische Weiterbildung bis zur Errichtung der städtischen Berufsschule in Tegel die Abteilungen des Gewerbesaales und der Wahlfortbildungsschule in Berlin zu besuchen. Weiterhin hatten sie die Möglichkeit, Fachvorträge im Werk anzuhören. Schließlich eröffnete, wenn auch wegen des Krieges verzögert, eine Werkschule am 1. April 1919

ihre Pforten, die halbjährlich die Einstellung der Lehrlinge vornahm. Söhne der eigenen Angestellten und Arbeiter wurden vorgezogen, vorausgesetzt sie bestanden eine psycho-technische Prüfung, waren gesund und hatten entsprechende Zeugnisse (Vorbedingung war die Note »gut« im Betragen und Fleiß).

Die Werkschule gliederte sich in eine Lehrlingsfachschule, in eine Fachschule für Praktikanten (zwei Jahre für angehende Ingenieure) und eine Gehilfenschule (für angehende Werkmeister). Für einen Tag in der Woche (Sechstagewoche) stellte die Firma den Lehrling für neun Unterrichtsstunden frei, zwei bis drei Stunden entfielen auf die arbeitsfreie Zeit. Folgende Fächer wurden zum Beispiel für die Lehrlinge des Metallgewerbes erteilt: Fachkunde, Mathematik, Deutsch, Zeichnen, Turnen und als ein Fach Lebens-, Geschäfts- und Bürgerkunde. In dem letztgenannten Fach erfuhr der Lehrling einiges über seine Rechte und Pflichten als Lehrling und späterer Geselle, über die Aufgaben eines Gemeinde- und Staatsbürgers, über die Rolle des Meisters und des Fabrikanten und schließlich wurden ihm noch technik- und firmengeschichtliche Kenntnisse sowie Informationen über die Vorteile des Großbetriebs vermittelt.

Die Bezahlung der 14−18jährigen Lehrlinge in Form einer Erziehungsbeihilfe erfolgte nach dem Stundenlohn und gestaffelt nach den einzelnen Lehrjahren: 9, 12, 15, 19 Pfennige (Stand 1927; der Stundenlohn eines Metallarbeiters betrug etwa 1 Mark). Umgekehrt verhielt sich dazu der bezahlte Urlaub: 12, 9, 6, 3 Tage (üblicher Urlaub für einen Arbeiter etwa 1 Woche).

Die Kombination von theoretischer und praktischer Ausbildung blieb nicht unangefochten. So war der Vorwurf zu hören, es würde zuviel Theo-

Technisches Zeichnen. Die Lehrlinge rechnen die Maße der ihnen zugewiesenen Teile ab und übertragen sie in die Zeichnung. Vorne links der Leiter der Lehrlingsausbildung, Herr Reich.

Die neuen Unterrichts- und Sporträume in der 1919 eingerichteten Werksschule.

rie getrieben. Andere wiederum meinten, die Pflege der Leibesübungen lenke zu stark von der Arbeit ab. Der Werkschulleiter rechtfertigte sich 1926 in der Borsig-Zeitung damit, daß Sport ein gesunder Ausgleich sei und daß die heutigen Anforderungen größere Kenntnisse verlangten, als vor 20 oder 30 Jahren im Handwerk nötig waren. Doch zwei Sachen könnte man nach Meinung des Werkschulleiters vom Handwerk lernen: »Die uns anvertrauten jungen Menschen müssen einmal die notwendige Achtung vor ihrem Vorgesetzten und späteren Kollegen anerzogen bekommen und zum anderen müssen sie wirtschaftlich arbeiten lernen. So lange die Lehrlinge in der Lehrwerkstatt sind, ist im allgemeinen über ihr Betragen nicht zu klagen, das Bild ändert sich aber mit einem Schlage, wenn der Lehrling der Betriebswerkstatt überwiesen wird. Der falsche Zug unserer Zeit, unserer Jugend die weitestgehende Freiheit in allen möglichen Dingen zuzugestehen, mit der sie nichts Nutzbringendes anzufangen weiß, da ihr die notwendigen Voraussetzungen fehlen, hat leider viel Unheil angerichtet. So ist es gekommen, daß der Lehrling, obwohl er noch ein ganz unfertiger Mensch ist, für sich die gleichen Rechte beansprucht wie ein Erwachsener. Die Großstadt, die den Einzelnen schon von seiner Kindheit an zu größerer Selbständigkeit erzieht, begünstigt diese Bestrebung noch mehr. Dabei möchte ich aber durchaus nicht das gesunde Selbstbewußtsein unterbunden wissen, vielmehr soll das Benehmen des Jugendlichen in die richtigen Bahnen gelenkt werden. Würde dies mehr Beherzigung finden, so wäre es unmöglich, daß Lehrlinge die sie unterweisenden Facharbeiter mit dem vertraulichen ‚Du' anreden, oder auf dem Nachhausewege sich von einem Altgesellen Feuer für ihre Zigarette geben zu lassen. Wo bleibt da die unbedingt notwendige Achtung vor dem, der dem Lehrling etwas beibringen soll. Wird solches Benehmen von dem älteren Facharbeiter unterbunden, so brauchte er nicht zu befürchten, von einem Lehrling ‚schnoddrige Antworten' zu bekommen. Was den 2. Punkt, nämlich das wirtschaftliche Arbeiten anbelangt, so besteht für unsere Lehrlinge, die in modern eingerichteten Werkstätten ausgebildet werden, die große Gefahr, daß sie das, was sie um sich herum sehen, als eine Selbstverständlichkeit hinnehmen. Sie glauben, nur an einer tadellos arbeitenden Werzeugmaschine ihre Arbeit ausführen zu können. Sie ‚müssen' das beste Werkzeug und die feinsten Meßgeräte haben, sie ziehen aber meistens nicht die unbedingt notwendige Schlußfolgerung daraus, nun auch bei der Handhabung die größte Sorgfalt walten zu lassen. Ist das Werkzeug durch Unachtsamkeit von dem Lehrling beschädigt worden, so muß es eben nach seiner Meinung durch ein neues ersetzt werden. Um den Schaden, den er angerichtet hat, kümmert er sich nicht. Ähnlich liegen die Verhältnisse bei der Behandlung der ihm zur Bearbeitung anvertrauten Werkstoffe. Auch hier fehlt es an der richtigen Einstellung. Er sieht die großen Werkzeuglager, die Magazine mit ihren verschiedenen Werkstoffen und unterschätzt so deren Wert, da sie in großen Mengen vorhanden sind. Aus diesen zwei vorstehend angedeuteten Gebieten, können wir noch unendlich viel aus dem Handwerk lernen, gelingt uns dies nicht, so wird sich das, wenn die jetzige Generation heran gewachsen ist, bitter rächen«.

Lehrlingswerkstatt in der Veitstraße, Abteilung Fräserei.

Lehrlingswerkstatt.

Reichsjugendwettkämpfe 1934.
Angehende Former, Kupferschmiede und Schlosser fertigen ihre Prüfstücke an.

Gruppen von Lehrlingen mit zwei, von ihnen selbst gebauten Dampfkompressoren, 1927.

Lehrlinge vom ersten bis zum vierten Lehrjahr, 1929.
Aufgenommen vor der Dampfmaschine beim
Verwaltungsgebäude. Diese Dampfmaschine ist jetzt im Museum
für Verkehr und Technik.

Veteranen aus der Alterswerkstatt.

ARBEITER UND ANGESTELLTE

Materialien über die Lage der Arbeiter sind im Borsig-Archiv so gut wie nicht für die hier interessierende Zeit zu finden. Für die Jahre nach 1923 gibt die vom Werk herausgegebene Borsig-Zeitung mehr Aufschluß, da sie Stellungnahmen der Arbeiter, Meister, Ingenieure und der Firmenleitung zu aktuellen Problemen abdruckte.

Eine kleine Schrift aus dem Jahre 1906 über die Arbeitsverhältnisse in einem Berliner Großbetrieb der Maschinenindustrie gibt einen Einblick in eine Maschinenbauanstalt mit eigener Gießerei, so daß ein Vergleich mit Borsig wohl zulässig ist.

Borsig war Mitglied des Verbandes Berliner Metallindustrieller, der die Erwerbszweige Eisengießerei, Maschinenbau, Elektrotechnik und Verarbeitung von Metallen in Berlin und Umgegend umfaßte. Den Vorsitz führte Ernst v. Borsig über längere Zeit. Dieser Verband richtete eine eigene zentrale Arbeitsnachweisstelle ein. Um Arbeit nachsuchende Arbeiter mußten ihre Papiere dort einreichen und erhielten einen Schein, mit dem sie sich bei den Firmen um freie Stellen bewerben konnten. Üblicherweise aber wandten sich die Arbeiter direkt an die Meister bei den Firmen und erst anschließend erfolgte die Kontrolle. Die Nachweisstelle hatte aber auch die Aufgabe, bei Ausstandsbewegungen zuerst den von Streiks betroffenen Firmen die nötigen Arbeitskräfte zu verschaffen. Eine Kündigungsfrist war nicht üblich. Bei Arbeitsmangel oder wenn der Meister dem Arbeiter nicht gewogen war, konnte der Arbeiter auf der Stelle entlassen werden. Umgekehrt konnte der Arbeiter jederzeit bzw. am Ende des Arbeitstages seine Arbeit niederlegen. So sind die Zahlen der Belegschaft (siehe Anhang) stets als Mittelwerte zu verstehen, da die Fluktuation groß war.

Bei den Arbeitern unterschied man zwischen produktiven und unproduktiven Arbeitern. Erstere schufen die sichtbaren und meßbaren Werte, d. h. sie erhöhten den Wert bestimmter Gegenstände, letztere unterstützten die produktiven Arbeiter in diesem Bestreben. Die Lehrlinge galten teils als produktiv, teils als unproduktiv. Produktive Arbeiter wie Schmiede, Former, Schlosser, Dreher usw. standen fast ausschließlich im Akkordverhältnis, die unproduktiven Arbeiter wie Hilfsarbeiter, Kutscher, Wächter u. a. erhielten Stundenlohn. Eine weitere Unterteilung erfolgte in gelernte, angelernte und ungelernte Arbeiter.

Arbeiterinnen, die zu den billigen Arbeitskräften zählten, sind nur selten auf den Fotos aus dem Tegeler Werk zu sehen, mit Ausnahme in der Zeit während des Ersten Weltkrieges. Frauen arbeiteten hauptsächlich in der Verwaltung.

Ein Vergleich der Löhne bei Borsig gestaltet sich schwierig. Der Lohn war abhängig von der Arbeitszeit, der Zahl der Arbeitstage, der Zahlung von Akkord- oder Stundenlohn und von der Tätigkeit. Im Jahre 1901 betrug die Arbeitszeit 58,5 Stunden (mit Ausnahme des Samstags 10 Stunden am Tag). Überstunden bei eiligen Aufträgen erhöhten die Stundenzahl, Arbeitsmangel verminderte sie. Die Arbeit in den Abteilungen wurde an Kolonnen von bis zu 20 Mann vergeben, um ein bestimmtes Teil zu fertigen oder eine bestimmte Aufgabe zu lösen. In der Kolonne selbst waren die Löhne gestaffelt. So verdienten zum Beispiel bei Borsig 1901 in einer Lohnperiode (2 Wochen) in 112 Stunden der Kolonnenführer einer Schlosserkolonne 75 Mark (pro Stunde 67 Pfennige), die anderen zwischen 72 und 53 Mark (pro Stunde 64−47 Pfennige). Der Kolonnendurchschnittsverdienst lag bei 49 Pfennigen und die Teile, für die der Akkordpreis in diesem Falle pro Stück 7 Mark betrug, konnten in 14 Stunden hergestellt werden. Seit 1905 wurden für einzelne, wie für die dieser Rechnung zugrundegelegten Teile Normalblätter erstellt und danach die Preise für die Teile festgelegt. Diese Preise blieben lange Zeit unverändert. Im August 1906 wurde die 53stündige Arbeitszeit eingeführt. Mit den gleichen Akkordpreisen und der gleichen Arbeit verdienten 1906 (in Klammern die Zahlen für 1914) der Kolonnenführer in 106 Stunden 90 (100) Pfennige und die beiden Lehrlinge 15 bzw. 9 Pfennige pro Stunde. Das Teil mußte jedoch in 11 (8) Stunden fertiggestellt werden. Trotz Verkürzung der Arbeitszeit erfolgte eine Steigerung der Arbeitsleistung.

Von 1907 bis 1918 stieg der durchschnittliche Jahreslohn eines Arbeiters kontinuierlich von 1436 (1907), 1598 (1912), 1695 (1914), 2316 (1916) auf 3573 Mark (1918). Doch täuschen solche Durchschnittszahlen. Das Lohngefälle war groß. Zur selben Zeit konnten in der einen Abteilung Überstunden angeordnet werden, während die andere unter Arbeitsmangel litt. Hinzu kamen die veränderten Bedingungen während der Kriegszeit (Mangel an Fachkräften, Einsatz von Frauen und Kriegsgefangenen) und die steigenden Lebenshaltungskosten. Obwohl die Löhne stiegen, schwankte der Lohnanteil für die Arbeiter am Um-

„Die letzten der alten Garde, der Kraftwagen stellt sich an ihren Platz."
So wurden 1929 in der Borsig-Zeitung die drei Kutscher Heinrich Kramm, Franz Klähn und Gustav Fetsch vorgestellt.
Dem innerbetrieblichen Transport von Material und Fertigteilen wurde besondere Aufmerksamkeit geschenkt. Die einzelnen
Abteilungen wurden regelmäßig abgefahren, um ein übermäßiges Hin- und Herlaufen zu vermeiden.

Arbeiter an der Drehbank.

satz zwischen 1907 und 1918 unregelmäßig nur zwischen 18,9 und 25,2% (für 1915 bis 1917 lagen die Werte im unteren Bereich).

Ein Zehntel bis ein Fünftel der Belegschaft waren bis zum Ende des Krieges Beamte (Angestellte), die ihr Gehalt nicht wie Lohnempfänger zweiwöchentlich, sondern monatlich erhielten. Im Krankheitsfalle wurden sie weiterbezahlt, auch hatten sie Kündigungsfristen. Damit waren sie Konjunkturschwankungen nicht so stark ausgesetzt wie die Arbeiter. So stieg der Anteil der Beamten im Vergleich zu dem der Arbeiter in den Jahren 1910 und 1911, in denen der Umsatz zurückging, auf rund 20% der Belegschaft, während der Anteil in den Kriegsjahren von 1915 bis 1918 sich zwischen 10 und 12% bewegte. Im Schnitt bezog ein Beamter 1000 Mark im Jahr mehr als ein Arbeiter.

Für den Zeitraum zwischen 1919 und 1923 liegen keine geeigneten Vergleichszahlen vor. Durch die Inflation stiegen die Löhne auf dem Papier ins Astronomische: Im Januar 1921 bekam ein Lehrling im dritten Lehrjahr 304 Mark, im April 1922 verdiente er das Dreifache, im Dezember 1922 das Fünfundsechzigfache und im Februar 1923 mehr als das Hundertfache an Geld. Ab 1924 normalisierte sich die Lage, die Durchschnittslöhne pendelten um die Werte von 1914. Was jedoch für die Nachkriegszeit auffällt, ist die starke Zunahme der Angestellten auf etwa 30% der Beschäftigten.

Die Unternehmerseite klagte bitter über die Eingriffe des Staates in den Nachkriegsjahren. Nach ihrer Ansicht wirkten sich die gesetzlichen Entlassungsbeschränkungen verhängnisvoll aus. So waren durch die Demobilmachungsverordnung vom Februar 1920 alle gewerblichen Betriebe gezwungen worden, diejenigen Kriegsteilnehmer, die bei Ausbruch des Krieges bei ihnen beschäftigt waren, zusätzlich einzustellen. Dies traf vor allem auf die Angestellten zu, weil viele Arbeiter für die Kriegsproduktion vom Militärdienst zurückgestellt waren. Die während des Krieges eingestellten, betriebsfremden Arbeitskräfte mußten bei Borsig weiterbeschäftigt werden. Entlassungen wegen Arbeitsmangel waren erst nach vorheriger Verkürzung der Arbeitszeit als letztes Mittel zulässig. Das »Vollstopfen der Betriebe mit überflüssigen Arbeitskräften«, so die Firmenleitung, verteuerte die Produktion und verringerte die Arbeitsintensität, denn wenn alle so viel wie vor dem Kriege gearbeitet hätten, dann hätte die vorhandene Arbeit nicht für alle ausgereicht. Im Jahre 1913 betrug die Gesamtzahl der Arbeitnehmer 4561, davon 2740 pro-

duktive und einschließlich der Angestellten 1821 unproduktive Arbeitnehmer (Verhältnis 100:66). Neun Jahre später zählte das Werk 7245 Arbeitnehmer, und das Verhältnis der produktiven zu den unproduktiven war bei 100:120 angelangt bei gleicher Gesamtproduktion nach Gewicht wie 1913. Allerdings war die gesetzliche Arbeitszeit seit 1918 auf acht Stunden pro Tag gesenkt worden und das trotz der hohen Reparationen nach dem verlorenen Krieg.

Während die Arbeiterlöhne im Durchschnitt nur geringfügig stiegen (1913: 1629 M, 1925: 1795 M, 1928: 2090 M), wuchsen die Abgaben auf den Lohn von 8% vor dem Krieg auf 11% und die Lebenshaltungskosten stiegen noch stärker. In der Werkzeitung finden sich immer wieder Artikel, in denen Arbeiter über dieses Mißverhältnis klagen, wenn sie sich auch bewußt waren, daß sie zu den »Glücklichen« zählten, die überhaupt Arbeit hatten. Zum Vergleich: In Berlin erhielt man Anfang 1913 (1928) für 1 Mark folgendes: 3,45 (2,17) kg Brot, 11,11 (6,25) Eier, 14,29 (7,69) kg Kartoffeln, 12,5 (3,57) kg Weißkohl, 2,38 (1,67) kg Zucker, 0,71 (0,69) kg Bücklinge, 4,17 (3,45) l Milch, 0,36 (0,25) kg Butter und 0,56 (0,55) kg Schweinefleisch. Borsig bot seinen Beschäftigten die Möglichkeit, im werkeigenen Konsum verbilligt einzukaufen.

Eine zusätzliche Belastung stellte zeitlich und finanziell der Weg zum Arbeitsplatz dar. In der Borsig-Zeitung 1925 rechnete ein Angestellter seine Aufwendungen vor: 27 km betrug die Entfernung von der Wohnung – Bahnhof Wilmersdorf-Friedenau über Gesundbrunnen, Bahnhof Tegel – bis zum Büro, jährlich bei 300 Arbeitstagen somit 16 200 km. Jeder Weg dauerte 1 3/4 Stunden, also im Jahr 1050 Stunden oder 131 1/4 Arbeitstage. Die Monatskarte kostete 16 Mark. Für 192 Mark im Jahr hätte er sich einen Anzug, einen Hut und ein Paar Stiefel kaufen können. Vielleicht gehörte er 1926 zu den 2500 Arbeitnehmern, die das Werk im Vergleich zu 1925 weniger zählte.

LEITUNG DES WERKES

Arbeiter und Kolonnenführer unterstanden den Werkmeistern, die zwischen Werkstatt und Büro eingegliedert waren und aus der Praxis kamen. Den technischen Abteilungen standen Ingenieure der verschiedenen Fachrichtungen vor.

Der älteste und der jüngste Werkmeister des Werkes Tegel,
Obermeister Louis Kaie (65 Jahre) aus der Kupferschmiede und
Meister Erich Bartnick (31 Jahre), 1929.

Die Chefs
Ernst von Borsig (1869–1933)
Conrad von Borsig (1873–1945).

Das Tegeler Werk leitete seit 1894 Ernst Borsig, seit 1897 gemeinsam mit seinem Bruder Conrad Borsig. Der ältere Ernst, geb. 1869, erhielt nach dem Studium in Bonn und an der Technischen Hochschule Berlin-Charlottenburg seine praktische Ausbildung in der väterlichen Fabrik in Moabit. Die Brüder wurden 1902 Kommerzienräte, 1912 Geh. Kommerzienräte und 1909 anläßlich des 50. Geburtstages Kaiser Wilhelms II. in den erblichen Adelsstand erhoben. 1918 folgte die Ernennung Ernst von Borsigs zum Dr.-Ing. E. h. durch die Technische Hochschule Breslau. Sein Bruder Conrad, geb. 1873, bekam die Ehrendoktorwürde der Technischen Hochschule Aachen. Conrad hatte eine kaufmännische Ausbildung erhalten und war vor der Übernahme der Leitung des Tegeler Werkes in verschiedenen Exportgeschäften in England und Rußland tätig. Conrad entschied in letzter Instanz die kaufmännischen Fragen, während Ernst als Ingenieur für technische Entscheidungen zuständig war.

Ernst von Borsig war bis zu seinem Tode 1933 in mehreren Verbänden an höchster Stelle aktiv: Seit 1913 gehörte er zum Vorstand der Vereinigung der Deutschen Arbeitgeberverbände, 1923 wurde er stellvertretender Vorsitzender und 1925 für sieben Jahre Vorsitzender dieses Verbandes. 1919 wurde er in Vorstand und Präsidium des Reichsverbandes der Deutschen Industrie gewählt. Seit 1920 war er Mitglied des Vorläufigen Reichswirtschaftsrates. Dem Verein Berliner Metallindustrieller gehörte er als Vorstand seit 1906 an, nachdem er seit 1896

Vorsitzender der Vertrauenskommission gewesen war. 1907 wurde er in den Vorstand des Gesamtverbandes Deutscher Maschinenbauanstalten gewählt. Im Verein Deutscher Maschinenbauanstalten war er seit 1910 stellvertretender Vorsitzender und von 1919 bis 1923 Vorsitzender. Außerdem war Ernst von Borsig in verschiedenen Aufsichtsräten vertreten. Starke Aufmerksamkeit widmete er den sozialpolitischen Fragen der Zeit. Beide Brüder erlebten den Niedergang ihrer Firma. Conrad von Borsig starb 1945 auf seinem Rittergut Prillwitz in Pommern.

Generaldirektor bei Borsig war seit 1910 Fritz Neuhaus, dessen Großvater väterlicherseits die Stettiner und Hamburger Bahn erbaut hatte. Nach dem Studium an der Technischen Hochschule Berlin-Charlottenburg und einem Amerikaaufenthalt trat er als 28jähriger im Jahre 1900 als Ingenieur in das neue Tegeler Werk ein, wo er 1902 Prokurist und 1904 Direktor wurde. Anläßlich der Fertigstellung der 10000. Lokomotive wurde er zum Königlich-Preußischen Baurat ernannt, 1922 folgte die Ehrendoktorwürde der Technischen Hochschule Aachen. 1925 konnte Neuhaus sein 25jähriges Jubiläum bei Borsig festlich begehen. Dem Brauch im Borsigschen Werk entsprechend, hatte jedermann stets freien Zutritt zu ihm gehabt. Im Alter von 58 Jahren legte er im Mai 1930 sein Amt als Generaldirektor und Geschäftsführer nieder und wurde Mitglied des Verwaltungsrates. 1949 verstarb er in New York.

Nächste Seite oben:
Ernst und Conrad von Borsig und die leitenden Angestellten des Werkes Tegel.
1. Reihe v. l. n. r.: T. Steen (Pumpenbau), Frl. Neuhaus, Fr. Ludwig Neuhaus, C. v. Borsig, Fr. Fritz Neuhaus, Fritz Neuhaus (Generaldirektor), Fr. E. v. Borsig, E. v. Borsig, A. v. Borsig, K. Pfeiffer (Chem. Industrie), C. Marscheider (Rohrleitungen), A. Salingré (Normen).
2. Reihe v. l. n. r.: H. Meckel (Kältemaschinen), Ludwig Neuhaus (Kaufmänn. Direktor), Fischer (Montagebüro), G. Arnold (Dir., Verkaufs- u. Vertreterabt.), K. Enling (Borsigwerk), Dir. Unger, F. Heinrich (Dir., Personal u. allgem. Verw.), A. Traub (Dir., Masch. u. App. f. d. chem. Ind.), C. Grüttner (Korrespondenz), G. Döring (chem. Ind.), C. Czekalski (Dir., Buchhaltung u. Finanzen), G. Großmann (Betriebs-Konstruktion).
3. Reihe v. l. n. r.: A. Meister (Lokomotivbau), R. Stahlschmidt (Literarisches Büro), F. Weidmann (Kreiselpumpen), P. Michelet (jur. Abt.), M. v. Borsig, Neuhaus jr., A. Wazek (Kolbenpumpenbau), W. Vassel (Techn. Büros), P. Hoffmann (Vertreter), A. Nimbach (Verk. v. Halbfabrikaten), E. Korfin (Einkauf), O. Lehmann (Entstäubung), A. Scharlibbe (Betriebsdirektor), P. Engelhardt (Kesselbau), H. Jacobi (Verkauf).

Feier des 25jährigen Dienstjubiläums des Generaldirektors Neuhaus am 3. 6. 1925 auf Reiherwerder (siehe vorhergehende Seite).

Standesgemäße Trauerfeier: Überführung der Leiche des Betriebsdirektors Paschke 1917.

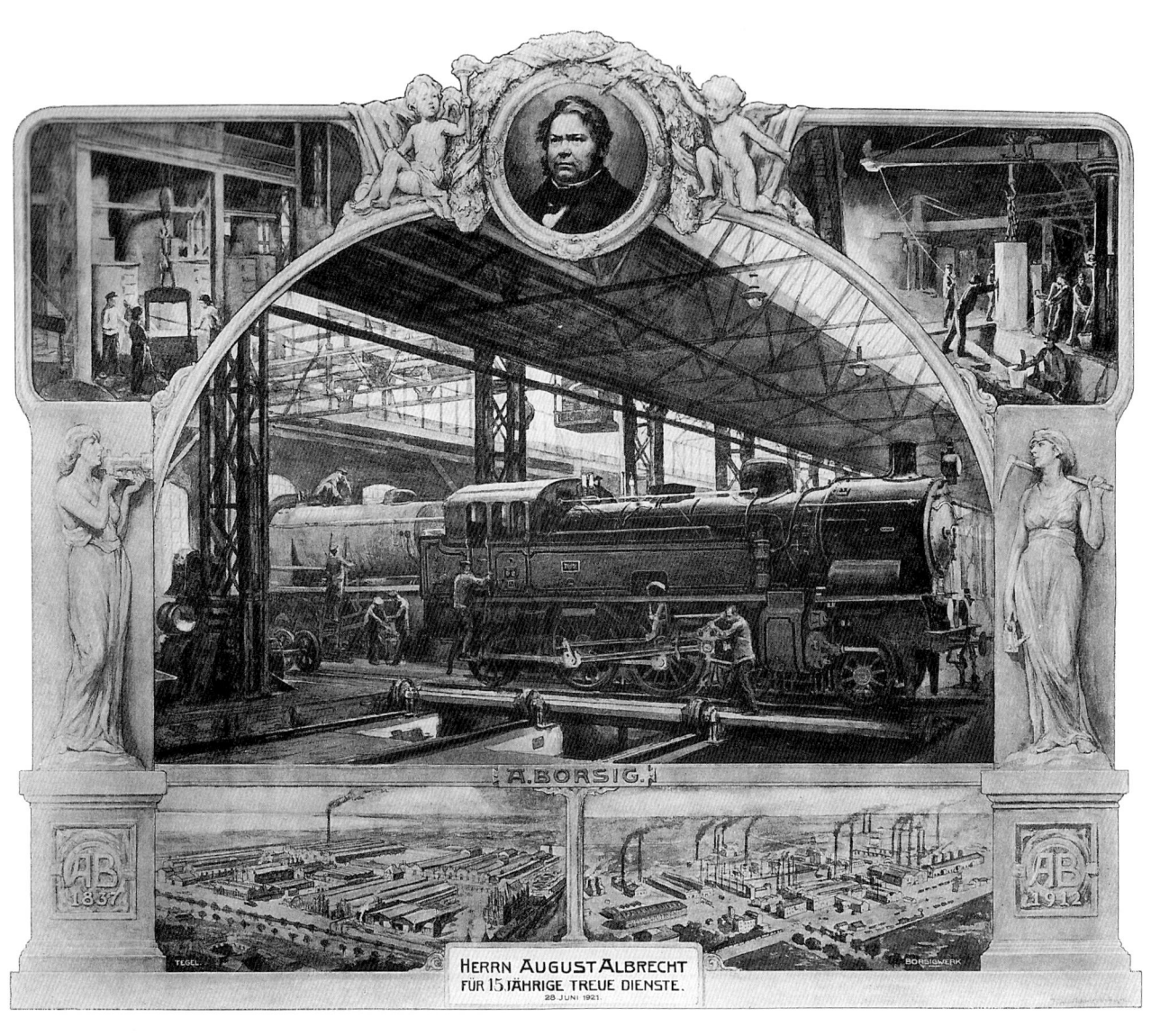

Diplom für 15jährige treue Dienste.
Seit dem 75jährigen Firmenjubiläum 1912 wurde dieses Diplom vergeben.

SOZIALE EINRICHTUNGEN

Bei Borsig legte man großen Wert auf die Jubiläumsfeiern zur 15-, 25-, 40- und 50jährigen Dienstzeit. Diplome und Geschenke je nach Stellung wurden überreicht, die bei Teilnahme an Streiks allerdings gefährdet waren, nicht jedoch bei Entlassungen aus Arbeitsmangel. So ehrte man im Januar 1927 fünf Arbeiter mit 15jähriger Tätigkeit, die vorher entlassen worden waren. In diesem Jahr beschäftigte Borsig rund 3500 Arbeiter, davon waren 900 bereits länger als 15 Jahre bei Borsig tätig. 200 blickten auf mehr als 25 Jahre zurück.

Zur Erinnerung an 15 Jahre Betriebszugehörigkeit erhielt Ende der zwanziger Jahre jeder Arbeiter ein eingerahmtes Gedenkblatt und 50 Mark, Angestellte bekamen auf Antrag ein Diplom. Für 25 Jahre wurden dem Arbeiter eine silberne Uhr mit goldener Kette und silberner Medaille, eine Porzellanbüste von August Borsig und 100 Mark überreicht, bei 40 Jahren ein Geschenk, das er sich selber aussuchen durfte, eine Bronzebüste vom Gründer der Firma und 200 Mark. Für 50 Jahre gab es eine goldene Uhr und dazu 300 Mark. Bei Angestellten waren die Geschenke nicht so starr festgelegt.

Das Tegeler Werk bot eine ganze Reihe freiwilliger sozialer Einrichtungen, die sich nach ihren Zwecken grob in vier Gruppen einteilen lassen: Schutz für Leben und Gesundheit, wirtschaftliche Fürsorge, Altersfürsorge und Notfallunterstützung, Erziehung und Unterricht.

Unfälle waren an der Tagesordnung. Z.B. 1923 wurde die Unfallstation im Schnitt pro Arbeitstag 90 Mal in Anspruch genommen. Schwere Fälle wurden ins Krankenhaus der Nordöstlichen Eisen- und Stahl-Berufsgenossenschaft überwiesen, das 1922 dem 1913 gegründeten Ambulatorium angegliedert wurde. Die 1904 von Ernst Borsig ins Leben gerufene Freiwillige Sanitätskolonne in Tegel bestand vorwiegend aus Borsigschen Arbeitern. Fast die Hälfte aller Unfälle entstanden aus eigener Unachtsamkeit oder Unkenntnis der Gefahr. Deshalb schrieb man bei Borsig die Unfallverhütung groß. Ebensoviel Wert legte man auf die Gesundheitspflege und Gesunderhaltung, denn der wertvollste Besitz eines Arbeiters war seine Arbeitskraft. Im Werk wurden Wannen- und Brausebäder eingerichtet und auf die Sauberkeit der Toiletten geachtet. Um der Tuberkulosegefahr entgegenzuwirken, wurden Spucknäpfe aufgestellt.

Borsig besaß eine eigene Betriebskrankenkasse, deren Beiträge (etwa 7% des Grundlohns) niedriger als die anderer Kassen lagen. Sie gewährte neben den üblichen Leistungen verschiedene Beihilfen und führte 6- bis 13wöchige Kinderverschickungen an die See oder ins Gebirge durch. Zur Gesundheitsfürsorge zählte ebenso die Unterstützung von in Tegel bestehenden Sportvereinen (Borsigsche Ballspielvereinigung, Tennisclub seit 1925).

Borsig errichtete teils vor dem Kriege, teils danach etwa 700 Wohnungen. In 900 weiteren Wohnungen und einer größeren Zahl von Häusern wohnten Werksangehörige. Die Werkssparkasse, bei der das Geld gleich vom Lohn einbehalten wurde, und die Spareinrichtungen für Arbeiter und Angestellte boten einen Zinsfuß, der 1% höher lag als üblich. Eine weitere Möglichkeit, Geld zu sparen, war der Einkauf im Werkskonsum. Seit 1912 bestand das anläßlich des 75jährigen Bestehens der Firma gebaute Werkskasino. Mit 11 Dampfkochkesseln von je 600 l Inhalt, einer Schlächtereieinrichtung und Kühlanlage konnte es in kürzester Zeit Tausende von Mahlzeiten herrichten. Doch klagte die Verwaltung des Kasinos über die entgegen allen ärztlichen Warnungen von der Belegschaft gewünschte Verkürzung der Mittagszeit auf eine Viertelstunde. Die Zahl der Portionen, die zwischen 50 und 100 Pfennigen kosteten, ging deshalb stark zurück.

Jeder Arbeiter, der nach mindestens 15jähriger ununterbrochener Werkszugehörigkeit durch Alter oder Krankheit arbeitsunfähig wurde, erhielt eine Pension. In den zwanziger Jahren bewegte sie sich zwischen 10 und 100% (nach 50 Jahren) vom durchschnittlichen Einkommen der letzten drei Jahre; Witwen erhielten davon 40–50%. Gegen einen Beitrag von 4% des Gehalts konnten sich die Angestellten in der 1904 errichteten Pensionskasse versichern lassen. Bei Entlassungen aus Arbeitsmangel gab es zur Vermeidung von Härten bei der Anrechnung der Zeiten Sonderregelungen. Reichte die Rente nicht aus, so bestand für einige wenige seit Oktober 1925 die Möglichkeit, in der Alterswerkstatt etwas dazu zu verdienen. Die Borsigsche Sterbekasse gewährte den Angehörigen ihrer Mitglieder eine Beihilfe im Todesfall.

Für die Kleinsten der großen Werksfamilie gründeten die Frauen der Chefs, Margarethe von Borsig und Margot von Borsig, das Margarethenheim (1912) und das Kinderheim Borsigwalde für etwa 250 Kinder berufstätiger Mütter.

BORSIG - ZEITUNG

Herausgegeben für die Werkangehörigen von A. BORSIG G·m·b·H, BERLIN-TEGEL

| 1. Jahrg. 1923 | Verantwortlicher Schriftleiter: Dr. Alfred Striemer | Nr. 1/2 |

Erscheint in freier Folge. Anfragen und Einsendungen nach Zimmer 107, Hausapparat Nr. 423
Nachdruck der Beiträge ohne Genehmigung der Schriftleitung nicht gestattet

Diese Werkzeitung erschien zwischen 1923 und 1931.
Als Gegenstück zur offiziellen Borsig-Zeitung tauchten ab und
zu kommunistische Flugblätter auf.

Seit 1923 erschien die von Dr. Alfred Striemer geleitete Werkszeitung, die »Borsig-Zeitung«. Striemer, ein kritischer Sozialdemokrat und früherer Gewerkschaftsredakteur, versuchte, die Arbeiter als Mitarbeiter für seine Zeitung zu gewinnen. In illustrierten Beiträgen über technische und organisatorische Fragen, zur Geschichte des Werkes und den Problemen des einzelnen Arbeiters am Arbeitsplatz und zu Hause sollte die Werkszeitung der freien Aussprache in der großen Werksgemeinschaft dienen. Die eigentlichen wirtschaftlichen Probleme, die direkt Borsig betrafen, und die Unternehmenspolitik waren genauso wenig Gegenstand der Zeitung wie der heraufkommende Nationalsozialismus.

Auf die Frage, welche praktischen Erfahrungen der Betrieb über den Einfluß der Wohlfahrtspflege in bezug auf Produktivität, Leistungsfähigkeit sowie geistiges und sittliches Leben der Arbeitnehmer gemacht habe, antwortete der Prokurist H. Landmann im Jahre 1929: »Welchen Einfluß die eigentlichen Wohlfahrtseinrichtungen auf die Psyche der Arbeitnehmer haben, läßt sich nur gefühlsmäßig schätzen, aber nicht zahlenmäßig dartun. Wir sind der Meinung, daß alle Maßnahmen der Betriebswohlfahrtspflege zwar dazu beitragen können manche Härten zu mildern und auch ein gewisses Zusammengehörigkeits- und Heimatgefühl bei den Arbeitnehmern dem Werk gegenüber zu begründen oder zu befestigen, daß aber doch diese Dinge für das wirklich innere Verhältnis des Arbeitnehmers zum Werk niemals von so großer Bedeutung sein werden wie die unmittelbare Regelung des Arbeitsverhältnisses, gerechte und anständige Behandlung durch die Vorgesetzten, Ehrlichkeit im gegenseitigen Verkehr, Berücksichtigung aller menschlichen Momente bei der täglichen Berührung gelegentlich der Berufsarbeit, gerechte Entlohnung usw.«

25 Jahre im Dienste Borsigs.
Je nach Rang und Dienstjahren fielen die Jubiläumsfeiern
unterschiedlich aus. Hier ein eher bescheidenes Arrangement.

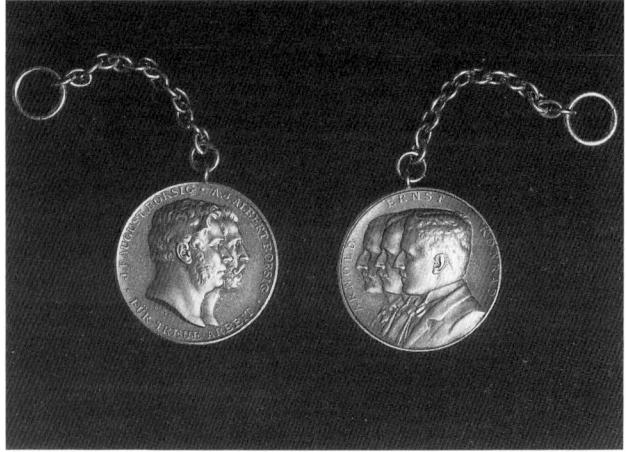

Medaille mit Uhrkette.
Auf der Vorder- und Rückseite die drei Borsig-Generationen.

Vordere Reihe von links nach rechts: Tripke, Blindow, Borchert, Piper, Lieutnant, Fritz, Steinmetz, Damp, Reichhelm, Danzeisen (Mitte), Szinowske, Weise, Strache, Kawinkel, Mietz, Mehring, Seitz, Boege, Voigt, Pfannenberg.
Obere Reihe linke Seite: Sommerfeld, Meyer, Schönfeld, Hohensee, Bottig, Paschke, Hein, Haenelt, Meerwald, Bukowiecki, Leisegang, Cassardelli, Wessoly, Poppe, Laube.
C. v. Borsig   E. v. Borsig
Obere Reihe rechte Seite: Müller, Meister, Selge, Wegner, Grun, Pössiger, Hennig, Beck, Stahlschmidt, Mielke, Jakubaschk.

Das Jahresfest der Jubilare

47 Werkangehörige, die 1928 fünfundzwanzig Jahre im Dienst der Firma standen

Es war gewiß ein glücklicher Gedanke, mit allen Jubilaren des Jahres gemeinsam eine Feier zu veranstalten, bei der sich die Chefs der Firma mit den Dienstjubilaren und deren unmittelbaren Vorgesetzten zwanglos vereinigten. Am Sonnabend, den 19. Januar, fand um 6½ Uhr abends in den Borsigschen Kasinoräumen das Jubilarfest für die 47 Jubilare des Jahres 1928 statt. Der große Saal war geteilt, um die Büste des Gründers war ein herrliches Blumenrondo gestellt und mit Bäumen ein Quadrat abgegrenzt, das einen feierlich wirkenden Raum bildete, in dem alle Jubilare und Gäste sich sammelten. Die Werkkapelle unter der Leitung des Herrn Tinzmann spielte die Ouverture „Ruy Blas", die Borsigsche „Harmonie" sang unter Leitung des Herrn Chormeisters Thülecke „Eintracht und Liebe".

Dann ergriff der Seniorchef Geh.-Rat Ernst von Borsig vor der Büste seines Großvaters das Wort, grüßte die Schar der Jubilare als die Hüter und Bewahrer der alten Traditionen Borsigscher Werkarbeit, als das Fundament, auf dem die junge Generation den der Zeit entsprechenden Neubau aufführt. Gegen die stürmisch stets vordringende Jugend bilden die Alten das notwendige Gegengewicht. Niemals darf Stillstand eintreten, neue Gedanken, die den neuen Verhältnissen gerecht werden, müssen stets neue Kraft dem Ganzen verleihen. Alt und jung, die Alten des Werkes und die neu eingetretenen Männer, sie alle müssen zusammenarbeiten, sich gegenseitig finden, trotzdem sie Repräsentanten verschiedener

Jubilar Haenelt,
der 40 Jahre als Bohrer im Werk tätig ist.

Zeitabschnitte seien, damit kein schädlicher Leerlauf entstehen kann. Erfreulicherweise befindet sich das Werk wieder in einer besseren Entwicklung, so daß wir den Mut nicht zu verlieren brauchen. Mit einem Dank an die Jubilare für ihre treugeleisteten Dienste schloß der Chef des Hauses gleichzeitig im Namen seines Bruders, des ebenfalls anwesenden Geh.-Rats Conrad von Borsig, seine eindrucksvolle Rede.

Dann ergriff im Namen seiner Mitjubilare der Oberingenieur Herr Dipl.-Ing. Stahlschmidt das Wort zu längeren Ausführungen, die auf die wechselvollen Verhältnisse nach dem Krieg und den Abbau des Personals eingingen. Er wies eindringlich auf die Weltgeltung der Firma hin und die Ehre für jeden, einem Hause mit Namen von so ausgezeichnetem Klang angehören zu dürfen.

Im kleinen Saal war die Tafel gedeckt, hier entwickelte sich nun ein völlig zwangloser Verkehr höchst befriedigender Art, der dadurch angebahnt war, daß die bunte Reihe von Jubilaren, Chefs, Direktoren und Abteilungsleitern hergestellt war. Der Chor und die unermüdliche Kapelle verschönten durch zahlreiche Vorträge den Abend. Jedem bot sich hier Gelegenheit, den Leitern des Werkes frei seine Meinung zu sagen, eine Gelegenheit, von der ausgiebigster Gebrauch gemacht wurde. Erst frühmorgens um 6 Uhr hatte die Veranstaltung ein Ende, bis in die letzten Stunden hatten die beiden Firmeninhaber in bester Stimmung sich unermüdlich der Gesellschaft gewidmet.

Aus: Borsig-Zeitung 6 (1929).

Festakt bei der Feier des 75jährigen Firmenjubiläums in Tegel am 14. 9. 1912. Am Rednerpult Conrad von Borsig, links der Nachbau der Beuth-Lokomotive von 1844, die jetzt im Museum für Verkehr und Technik steht.

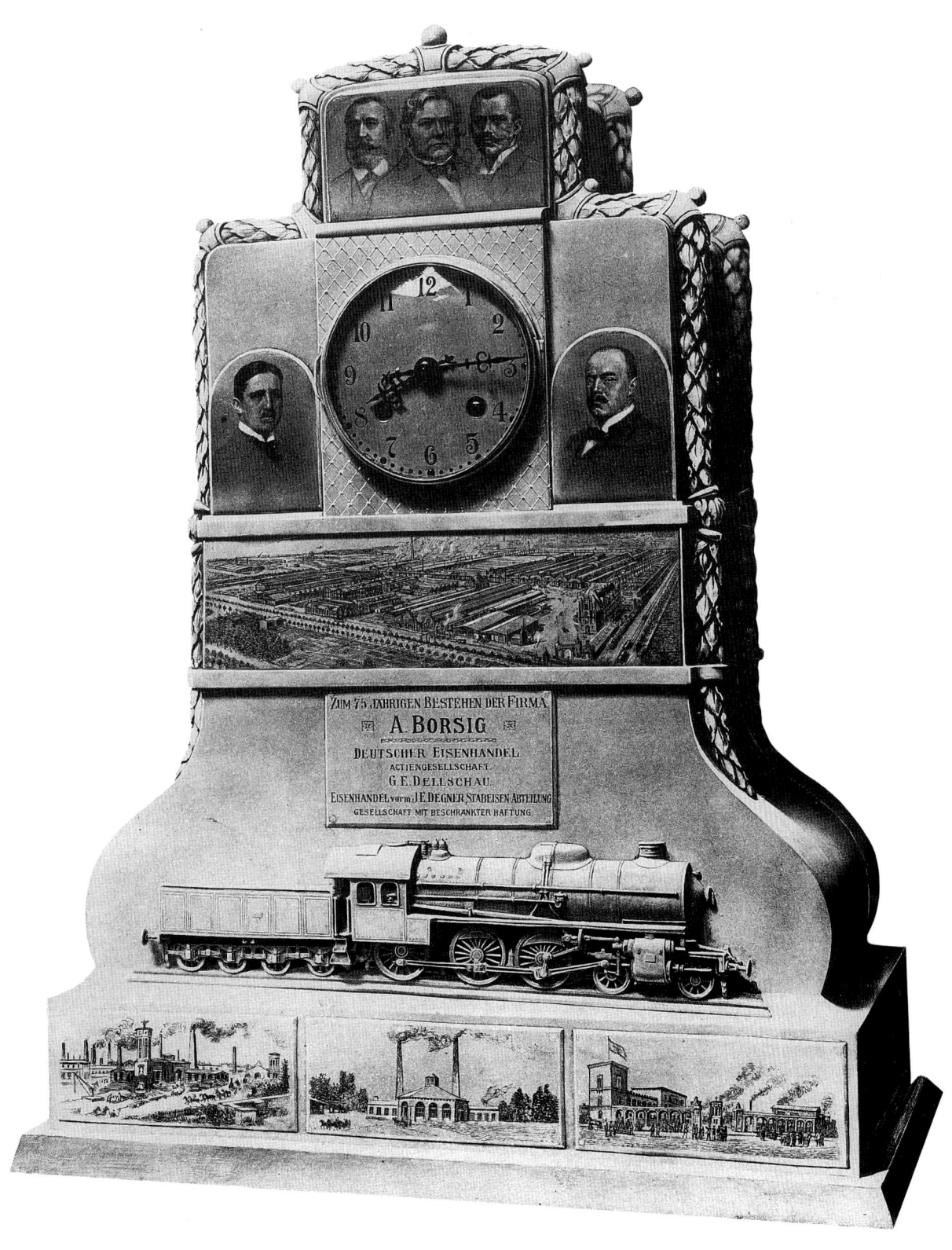

Eines der zahlreichen Geschenke befreundeter Firmen zum 75jährigen Firmenjubiläum.

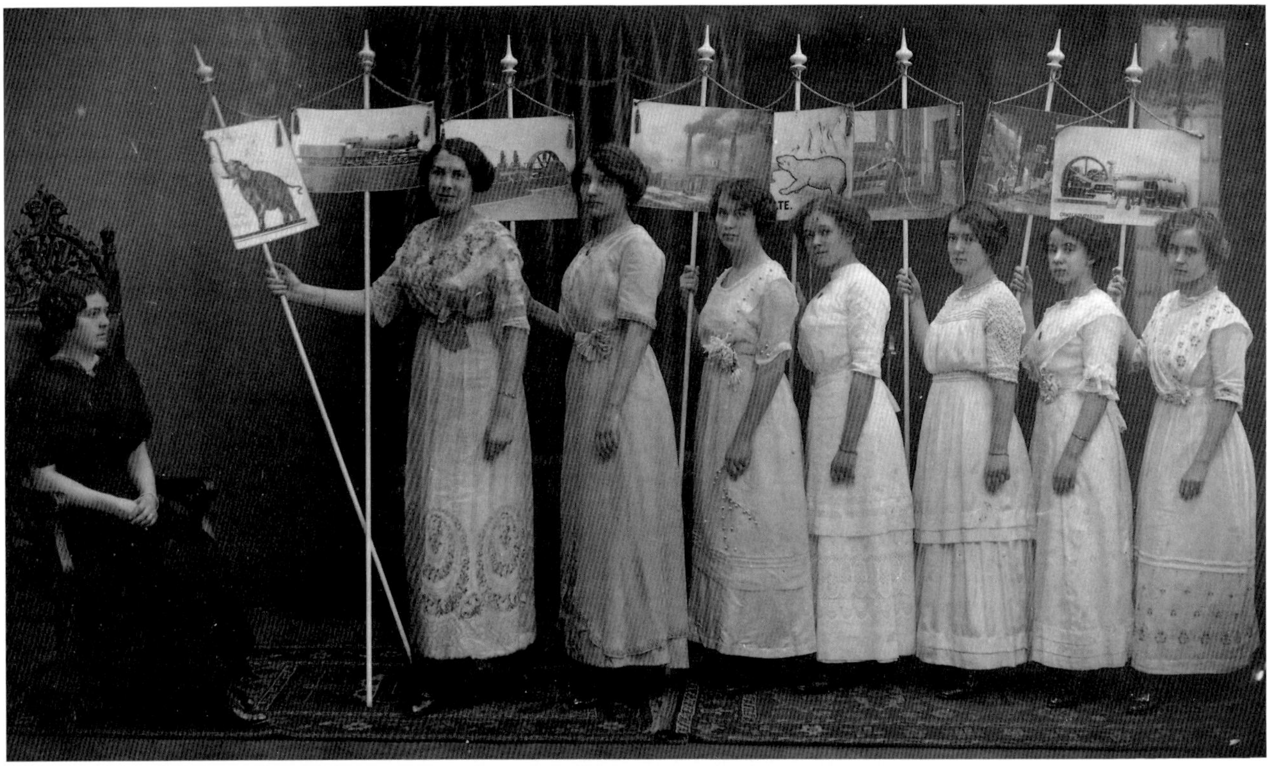

Aufführung anläßlich des Firmenjubiläums 1912.
Ehrenjungfrauen tragen die Symbole oder Abbildungen der Firmenprodukte.

Geschenke befreundeter Firmen und Werksangehöriger (Deutsche Bank, Vertreter der Firma Borsig, Beamte der Werke in Tegel und Oberschlesien, Fa. E. Friedlaender & Co, Berlin) 1912.

Gegen die Gefahren am Arbeitsplatz: Ausgabe von Schutzstiefeln.

„Tragt Schutzbrillen!" Die Arbeiter erhielten Schutzbrillen beim
Putzen, Schleifen, Drehen usw. auf Marke oder konnten sich
vom Meister eine Schutzbrille für den ständigen Gebrauch
verschreiben lassen.

Kein Stilleben – sondern die gerissene Kette eines Krans
in der Gießerei.

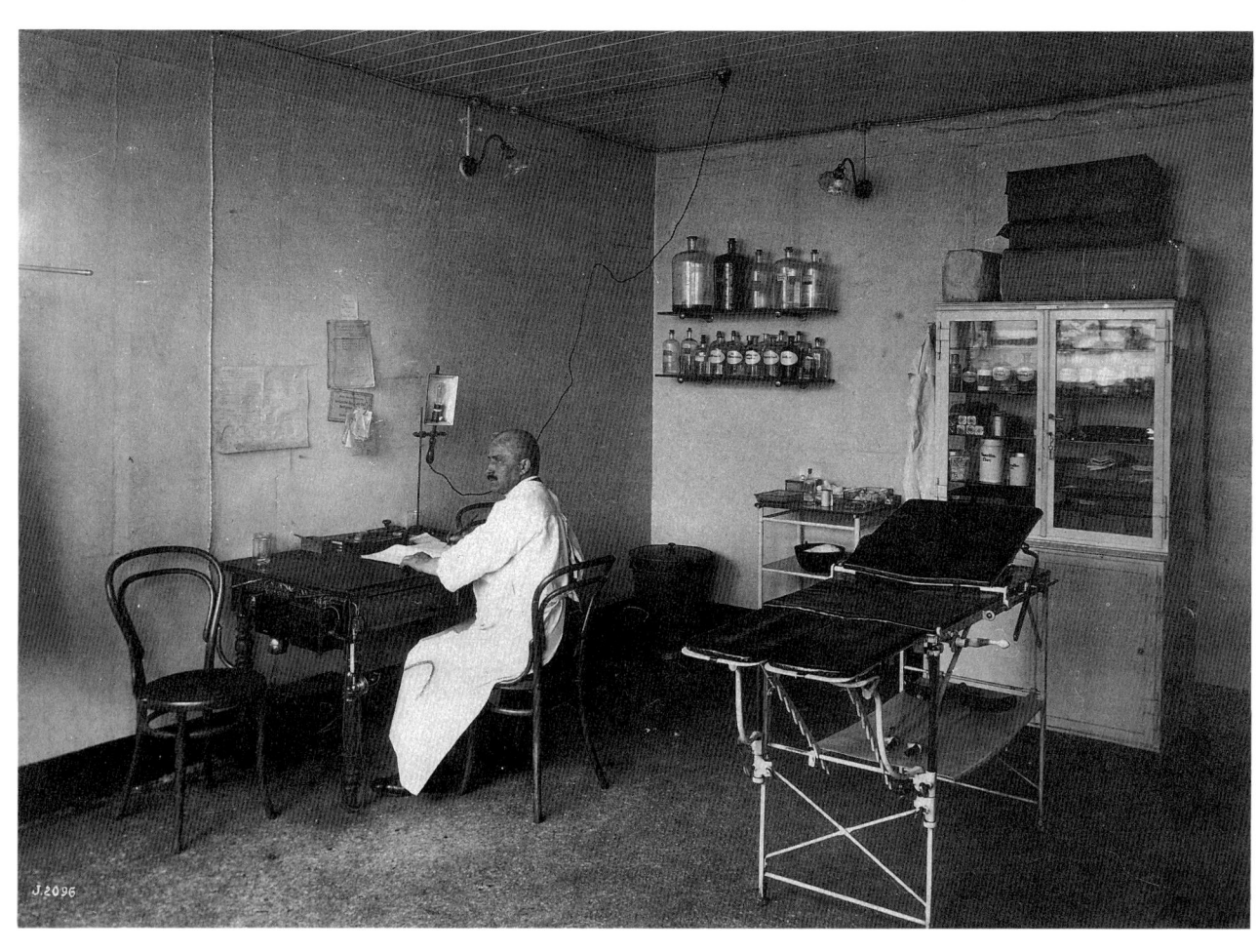

Blick in einen Raum der Unfallstation des Tegeler Werkes um 1909.
Über den Fernsprecher sind die Sanitäter schnell erreichbar.

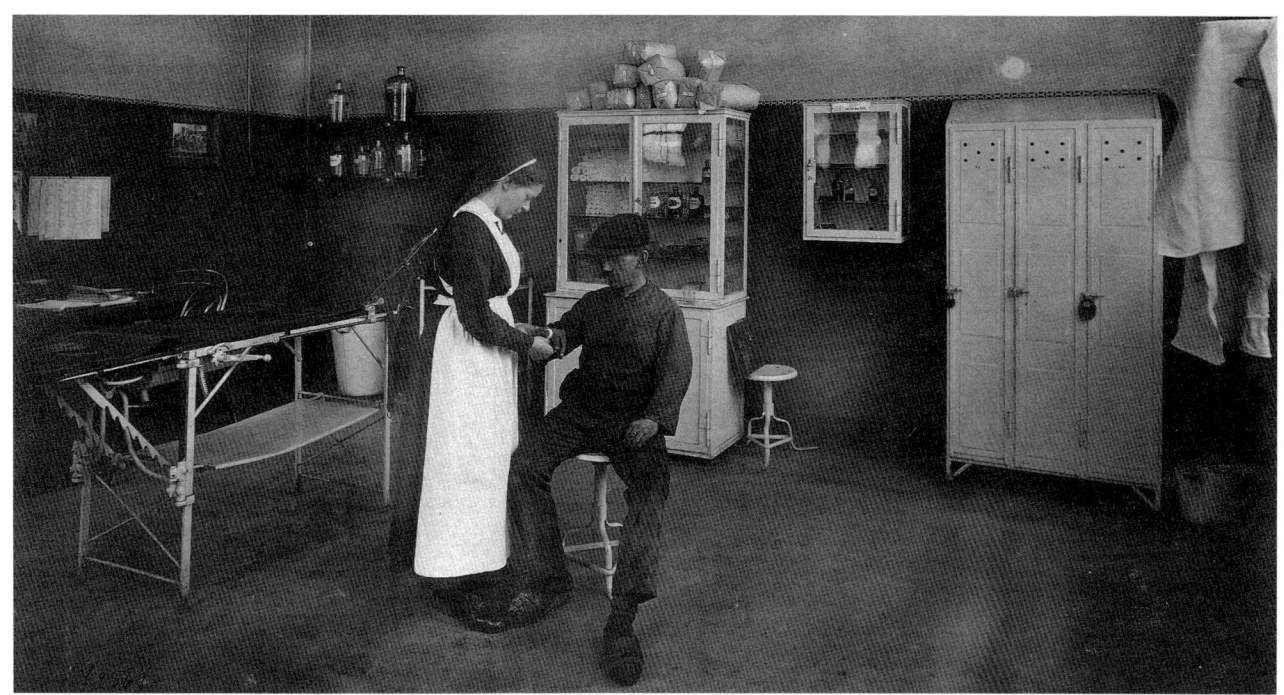

An Verbandswatte und Pflaster mangelte es in der Unfallstation nicht. An die Stelle des Sanitäters ist in der Zeit des Ersten Weltkriegs die Krankenschwester getreten, 1917.

Rettungswache der Freiwilligen Sanitätskolonne vom Roten Kreuz in Tegel, Hauptstraße, 1929. Ehrenvorsitzender und Gründungsmitglied war Ernst von Borsig.

Gerätewagen der Werksfeuerwehr 1933.

Alterswerkstätten 1926.
In der „Werkstatt der alten Herren" wurden die Veteranen mit Instandsetzungsarbeiten beschäftigt. In der Borsig-Zeitung (1926) hieß es dazu: „Haben doch viele der Veteranen der Arbeit eine starke Abneigung gegen die Pensionierung, weil die Erfahrung gezeigt hat, daß die alten Pensionäre, deren Körper auf die *regelmäßige* Tagesarbeit eingestellt ist, sich auf die Ruhe nicht umstellen können, ohne alsbald sichtbar dem Siechtum schnell zu verfallen."

Werkskonsum in der Gaswerkstraße, Tegel.

Mit dem Werkskonsum bot die Firma Borsig in den zwanziger Jahren ihren Werksangehörigen einen verbilligten Einkauf von Lebensmitteln und der notwendigsten Güter.

1200 Tonnen-Schmiedepresse im Tegeler Werk. Borsig fertigte selbst solche hydraulischen Pressen.

DIE GRUNDLAGE: EISEN UND STAHL

Den Grundstoff für alle Maschinen bildeten Eisen oder genaugenommen die Eisenlegierungen. Das Berliner Werk besaß eine Eisengießerei für eine Jahresproduktion von 7000 Tonnen (1913: 10000, 1924: 12000) Sand-, Lehm- und Masseguß. Dabei waren Gußstücke bis zu 50 Tonnen möglich (1924: 70). Um Kohle zu sparen, bezog man größere Stücke aus dem Schwester-

werk in Oberschlesien, das die Rohstoff- und Halbstoffbasis für Tegel bildete. Um im Bezug von Stahlguß unabhängig zu werden, entstand im Jahr 1908 die Stahlgießerei mit einem Kleinkonverter (Bessemer Birne) mit 2200 kg Einsatz. Beim Bessemerverfahren wird Roheisen durch Oxydation in Stahl umgewandelt. Anfang 1914 konnte dann das Tegeler Stahlwerk in Betrieb genommen werden, das zwei saure Öfen von ursprünglich 7,5 Tonnen Fassungsvermögen besaß. In der Metallgießerei erfolgten der Bronze- und Rotguß. Rotguß (Messing mit mehr als 80% Kupfer) wurde für Lager verwendet. Von zunächst 200 Tonnen stieg die jährliche Produktion auf das Zehnfache nach 1906.

Für die Weiterverarbeitung verfügte die Hammerschmiede 1902 über 46 doppelte Schmiedefeuer, 4 Schweiß- und Glühöfen und über 24 Dampfhämmer mit maximal 6,25 Tonnen Bärgewicht. Schmiedestücke von den größten bis zu den kleinsten Abmessungen wurden in der Schmiede hergestellt. Zu den großen und interessantesten

Schmiedeteilen gehörten Steven, Ruder und Kurbelwellen von Schiffen, wobei Ruder und Steven oft in kürzester Zeit repariert werden mußten. Das Schmieden unter den großen zum Teil im Werk selbst hergestellten Pressen war bei Teilen von 30 bis 40 Tonnen eine verantwortungsvolle Arbeit.

Das verarbeitete Material wurde laufend einer Qualitätskontrolle im Labor unterzogen. Die Materialprüfung umfaßte drei Abteilungen: ein chemisches, ein metallographisches und ein physikalisches Laboratorium, die gegen Bezahlung auch von anderen Firmen genutzt werden konnten. Alle eingehenden Roheisen, alle Brennmaterialien usw. und alle fertigen Stahlblöcke, Zylinder u. a. aus der Gießerei, aber auch aus den anderen Abteilungen des Werkes wurden auf ihren Wert oder die gewünschte Zusammensetzung hin analysiert. Aufgabe der metallographischen Untersuchung war es, den inneren Zusammenhang zwischen chemischer Beschaffenheit, mechanischer Verarbeitung, Wärmebehandlung und Gefügebildung einerseits und den physikalisch-mechanischen Eigenschaften andererseits zu erfassen, um die Qualität zu verbessern. Das Verhalten der Stoffe vor und während der Verarbeitung prüfte das mechanisch-physikalische Labor mit Maschinen und Instrumenten, um die Zerreißfähigkeit, Streckgrenze, Kerbzähigkeit usw. festzustellen.

Blick in die alte Gießerei in Tegel um 1912.
Im Vordergrund wird gerade die Gußform für ein Schwungrad gefertigt.

Blasen des Bessemer Stahls.

Auskippen der Bessemer Birne zum Vergießen.

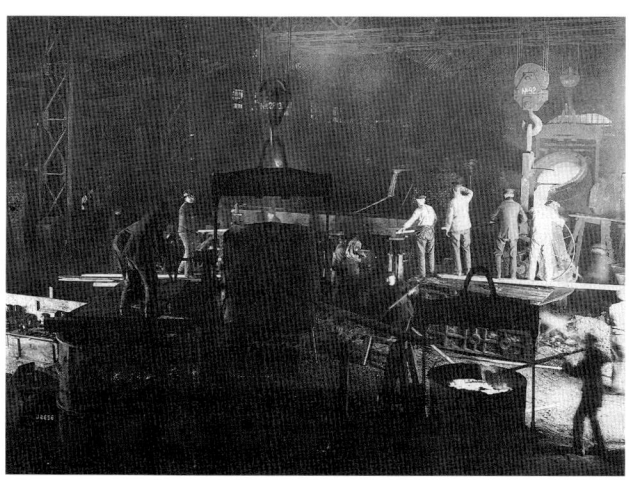

Gießen eines 70 Tonnen-Gußstückes.

Tiegelstahlguß.

Kleinschmiede im Hammerwerk 1908.

Drei bei Borsig selbst gebaute hydraulische Schnellpressen von 300, 500 und 150 Tonnen Preßdruck 1908.

Geschmiedeter Rahmen von 8,5 m Länge, der voll Stolz von den Schmieden präsentiert wird.

Geschmiedeter Schiffssteven für eine Werft in Wilhelmshaven.
Durch den eigenen Hafen war Borsig in der Lage, auch die größten Schmiedestücke herzustellen und die weit entfernten Kunden zu beliefern.

Der Kohlenstoffbestimmung diente diese Apparatur.
Der Gehalt an Kohlenstoff beeinflußt die Verformbarkeit und die Härtbarkeit des Stahls.

Im chemischen Labor wurden die Rohstoffe vor der Weiterverarbeitung auf ihre Eignung hin geprüft.

Blick in das Physikalische Laboratorium mit Materialprüfmaschinen.

LOKOMOTIVBAU

A. BORSIG · BERLIN-TEGEL

Im Jahre 1841, vier Jahre nach der Gründung der Eisengießerei und Maschinenbauanstalt in der Chausseestraße, baute August Borsig seine erste Lokomotive, stolz »Borsig« genannt, für die Berlin-Anhalter Eisenbahn. Die Lokomotive $(2'A1\ n2)^*$ entsprach, wenn auch verbessert, einem amerikanischen Vorbild. Das Fest der 100. Lokomotive wurde im September 1846 feierlich begangen, und im Todesjahr August Borsigs 1854 verließ die 500. das Werk. Die Bedeutung des Lokomotivbaues der Firma wird an den Beschaffungen aller preußischen Eisenbahnen deutlich: Seit 1845 stammte der überwiegende Anteil von Borsig.

Albert Borsig führte die Tradition weiter. Unter großer Anteilnahme aller Schichten der Bevölkerung feierte man 1858 die 1000. Lokomotive »Borussia«. Durch Heranziehung hervorragender Konstrukteure verstand es Albert Borsig rechtzeitig, den verschiedenartigen Anforderungen, auch ausländischer Eisenbahnverwaltungen, gerecht zu werden. Nach dem Tode Albert Borsigs 1878 ging unter einer eher zurückhaltenden Firmenpolitik des eingesetzten Kuratoriums bis 1894 der Lokomotivbau zurück. Durch die zwischen 1879 und 1884 durchgeführte Verstaatlichung des größten Teils aller preußischen Privatbahnen waren nunmehr so große Reserven vorhanden, daß Neubeschaffungen in Preußen stark eingeschränkt wurden. Hinzu kam die Konkurrenz einer Reihe von Lokomotivbauern und -firmen im norddeutschen Raum: Egestorff (Hannoversche Maschinenfabrik) in Hannover, Henschel in Kassel, Hartmann in Chemnitz, Wöhlert in Berlin und die Firmen Vulcan in Stettin, Hohenzollern in Düsseldorf, Schichau in Elbing, Schwartzkopff in Berlin, Ruffer in Breslau. Die große Leistungsfähigkeit der alten und neuen Lokomotivfirmen stand einem verminderten Bedarf gegenüber, und die erzielten Preise sanken zum Teil unter die Selbstkosten. Das Kuratorium stellte 1886 den Lokomotivbau in der Chausseestraße ein, der Bau kleinerer Lokomotiven und Reparaturen wurden in Moabit weitergeführt. Die Stagnation war an den Auslieferungsdaten der Jubiläumslokomotiven ablesbar: 1000. 1858, 2000. 1867, 3000. 1873, 3500. 1876, 4000. 1883, 4500. erst 1896. Zum letztgenannten Zeitpunkt hatten bereits die Söhne Albert Borsigs die Firma übernommen, unter deren Leitung der Lokomotivbau wieder einen Aufschwung nahm.

Zunächst litt der Lokomotivbau noch unter den beengten, einer Erweiterung abträglichen räumlichen Verhältnissen. Das neue Werk in Tegel jedoch nahm in erster Linie Rücksicht auf den Lokomotivbau. 1902 konnte die 5000. Lokomotive, eine Schnellzuglokomotive $(2'B\ n2v)$ an die Eisenbahndirektion Stettin geliefert werden. Die dazu erschienene Festschrift wurde der Öffentlichkeit übergeben »mit dem Ausdruck der zuversichtlichen Hoffnung, daß das nächste Tausend Borsigscher Lokomotiven wieder in kürzerer Frist die Werkstatt verlassen wird und daß mit dem Lokomotivbau auch die anderen Betriebe der Firma kräftig wachsen, blühen und gedeihen«.

In dieser Zeit begann man bei Borsig neben den Naßdampflokomotiven auch Heißdampflokomotiven zu bauen. Die erste eigene Heißdampflokomotive $(2'B\ h2)$ für die preußische Eisenbahnverwaltung stellte Borsig im Jahre 1900 auf der Weltausstellung in Paris vor. Mit einem zusätzlichen Rauchkammer-Überhitzer nach dem Patent des Erfinders W. Schmidt ausgerüstet, versprach die Lokomotive eine größere Wirtschaftlichkeit gegenüber den Naßdampflokomotiven. Das Wesen

---

* Die Zahlen vor oder nach den Buchstaben bezeichnen die Laufachsen, die bei nicht im Hauptrahmen fest geführten Achsen mit einem ' versehen sind. Buchstaben stehen für die Zahl der angetriebenen Achsen (A = 1 usw.); im Falle der Zahnradlokomotiven sind es Kleinbuchstaben. Anschließend bedeuten n Naßdampf oder h Heißdampf, eine weitere Zahl die Anzahl der Zylinder und schließlich kann ein t für eine Tenderlokomotive folgen, die Kohle und Wasser selbst mit sich führt.

Die 5000. Lokomotive und erste Jubiläumslokomotive des Werkes Tegel. Die Schnellzuglokomotive (2'B n2v) wurde im Juni 1902 ausgeliefert.

Festakt aus Anlaß der Fertigstellung der 5000. Lokomotive am 21. 6. 1902.

der Überhitzung (später geschah dies durch Rauchrohr-Überhitzer) bestand darin, den Dampf zu trocknen und zusätzlich zu erhitzen, so daß die ganzen aus dem Kessel ausströmenden Wassermengen ohne Verlust durch Niederschläge als Dampf nutzbare Arbeit leisten konnten. Eine andere Verbesserung, die ebenfalls den Brennstoffverbrauch verringerte, war die Verbundmaschine von A. Mallet seit Mitte der achtziger Jahre. Bei der Verbundwirkung wurden durch Verteilung der Dampfdehnung auf einen Hoch- und anschließend auf einen Niederdruckzylinder die Dampfspannung besser ausgenutzt und durch gleichzeitige Verringerung der Temperaturunterschiede bei Ein- und Austritt die Niederschlagsverluste gemindert.

Die 6000. Lokomotive, im November 1906 an die preußische Eisenbahnverwaltung ausgeliefert, war eine – und zwar die erste – Sonderkonstruktion. Mit dem weiteren Ausbau des staatlichen

Eisenbahnwesens und daneben des Kleinbahnwesens in Deutschland wurden nun Strecken in Angriff genommen, die mit gewöhnlichen Reibungslokomotiven nicht mehr befahrbar waren. So entstanden kombinierte Zahnrad- und Reibungslokomotiven, mehrzylindrige und mehrachsige Lokomotiven zum Durchfahren kleiner Krümmungen. Für die Konstruktion von Kleinbahnmaschinen wurde sogar ein eigenes Büro (Technisches Büro 6) neben dem für Staatsbahn- und Exportlokomotiven (T.B.5) eingerichtet. Dieses Büro widmete sich dem Bau von Lokomotiven für den Rangierdienst, für Feld- und Waldbahnen, Hüttenbetriebe, Kolonialbahnen, Abraumbetriebe und der Konstruktion von feuerlosen Lokomotiven, Druckluftlokomotiven, Dampftriebwagen und Straßenbahnlokomotiven. Das erste Ergebnis war als Jubiläumslokomotive eine Zahnrad- und Reibungslokomotive (C1'/b n4t) für die Eisenbahndirektion Saarbrücken (von derselben Gattung T 26 war ebenfalls die 8000. Lokomotive 1911).

In der Zeit nach 1900 stieg der, wenn auch stets schwankende, Anteil der Exportlokomotiven von etwa 10% bis kurz vor dem Ersten Weltkrieg auf über 50% der Jahresproduktion und übertraf damit die Werte um 1870. Insgesamt gesehen betrug der Exportanteil 32% für den Zeitraum 1841 bis 1912. Im Vergleich dazu wurde von 1890 bis 1894, zur Zeit des Kuratoriums, keine einzige Lokomotive exportiert. Die Lokomotiven aus Tegel fuhren in aller Welt und fahren teilweise noch heute. Stellvertretend für viele Exportlokomotiven stand im Jahre 1909 die Jubiläumslokomotive mit der Fabrik-Nummer 7000 für die Paris-Lyon-Mittelmeerbahn (Algerische Strecke, 2'C n4v).

Die 8000. Lokomotive: eine Zahnrad-Personenzug-Tenderlokomotive (C1'/b n4t) für die Eisenbahndirektion Mainz.

Die 7000. Lokomotive (2′C n4v), bestimmt für Algerien, 26. 6. 1909.
Oben: die festlich geschmückte Lokomotive mit sieben dekorierten Jubilaren.
Unten: die Lokomotive mit an ihrer Herstellung beteiligten Meistern und Arbeitern.

Länder, nach denen Lokomotiven geliefert wurden.

Stand am 1. April 1912

Ägypten	16	Korea	14
Algerien	10	Luxemburg	9
Arabien	2	Mandschurei	4
Argentinien	184	Marokko	1
Australien	1	Mauritius	5
Belgien	57	Mexiko	1
Bolivien	2	Montenegro	5
Brasilien	130	Niederländisch-Indien	28
Chile	178	Norwegen	21
China	15	Österreich-Ungarn	53
Columbien	3	Ost-Indien	53
Costa Rica	5	Palästina	3
Cuba	4	Peru	1
Dänemark	112	Portugal	32
Deutsch-Afrika	35	Rumänien	13
Deutschland	5709	Rußland	826
Frankreich	179	Schweden	46
Franz. Congo	1	Schweiz	12
Franz. Elfenbeinküste	1	Serbien	5
Griechenland	2	Sibirien	3
Großbritannien	3	Spanien	64
Guatemala	1	Süd-Afrika	2
Holland	190	Surinam	6
Indo-China	14	Tunis	1
Italien	234	Türkei und Kleinasien	46
Japan	110	Venezuela	2

Zusammen 8454 Stück.

Auf fast 8500 Lokomotiven konnte die Firma Borsig zurückblicken, als sie mit einem Festakt im Werk Berlin-Tegel am 14. September 1912 ihr 75jähriges Bestehen feierte. Im selben Jahr erschien von Borsig eine Postkartenserie, die den Werdegang einer Lokomotive schildert und die, ergänzt durch weitere Bildquellen und Kataloge, einen Einblick in die Lokomotivwerkstätten und den Bau von Lokomotiven in Tegel gibt.

Von der Bestellung einer Lokomotive bis zur ersten Fahrt beim Käufer verging etwa ein halbes Jahr. In extrem kurzer Zeit wurde 1911 eine Bestellung auf 12 Lokomotiven (2′C h2) für die Japanische Staatsbahn abgewickelt: Am 21. Januar 1911 erfolgte der telegraphische Eingang des Auftrags und bereits Ende April die Auslieferung, gerade noch rechtzeitig, bevor im Juli ungünstigere Zollbestimmungen in Kraft traten. Das Gegenteil konnte auch der Fall sein. In der Inflationszeit und in den Jahren danach lagen zwischen Bestellung und Auslieferung wegen der Zahlungsschwierigkeiten bei den Kunden manchmal drei bis vier Jahre.

Sieht man die Kataloge und Lokomotivlisten aus der Zeit vor dem Ersten Weltkrieg durch, so hat man das Gefühl, daß sich fast jede Eisenbahnver-

waltung (und Lokomotivbauanstalt) durch die Wahl ihrer Lokomotivtypen unterscheiden wollte.

Nur in den seltensten Fällen kam ein unveränderter Nachbau vor. Für jedes Angebot wurden umfangreiche Rechnungen und Zeichnungen ausgeführt. Als Entscheidungsgrundlage für den Kunden dienten Kataloge mit den Bildern der Lokomotiven und den wichtigsten Daten. Darin abgedruckt war ein Fragebogen über Dampflokomotiven, dessen Beantwortung die Auswahl erleichtern sollte: Wieviel Lokomotiven werden gebraucht? Welches ist die Spurweite? Welche Last ist zu befördern? Welches ist die größte Steigung und wie lang ist sie? Welche kleinsten Krümmungsradien kommen vor? Welches ist die größte Geschwindigkeit in der Ebene bzw. für die größte Steigung? Welcher größte Achsdruck ist zulässig? Welches Brennmaterial kommt zur Verwendung und welche Verdampfungsfähigkeit besitzt es? In welcher Entfernung befinden sich Stationen zur Ergänzung der Wasser- und Brennstoffvorräte? Welches Puffersystem kommt vor? Bestehen Einschränkungen bezüglich des Durchgangsprofiles (Lichtraumprofil)? Werden besondere Einrichtungen gewünscht und spezielle Anforderungen an das Material und an die Ausführung gestellt? Und schließlich: Wann werden die Lokomotiven gebraucht und wird eine spezielle Type gewünscht?

War der Käufer sich darüber im klaren, so konnte er aus dem Katalog die entsprechende Lokomotive aussuchen. Gleich zu Beginn des Katalogs wies Borsig aber darauf hin, daß man für den Bedarfsfall auch in der Lage war, abweichende Typen zu bauen. Mit den Angaben des Käufers konnte dann die Lokomotive berechnet werden.

Für die Leistungsfähigkeit einer Lokomotive kamen drei Faktoren in Betracht: das Reibungsgewicht zur Erzeugung der rollenden Reibung, die in den Zylindern sich ausdrückende eigentliche Dampfmaschine und die Kesselleistung.

Das Reibungsgewicht ist die Gesamtlast, die auf den angetriebenen bzw. gekuppelten Rädern ruht, und damit normalerweise kleiner als das Gewicht der Lokomotive, wenn nämlich noch Laufachsen vorhanden sind. Die Zugkraft wurde im Katalog mit Werten zwischen $1/7$ (bei feuchten Schienen) und $1/5$ (bei trockenen Schienen) des Reibungsgewichtes angenommen. Die Angabe der Zugkraft Z stützte sich auf die Zylinderleistung der betreffenden Lokomotive und ergab sich aus der

Technische Zeichner.
In den Morgen- und Abendstunden sorgten die Bogenlampen für das nötige helle Licht.

Formel $Z = \dfrac{d^2 \cdot l \cdot c}{D}$ mit d Zylinderdurchmesser, l Hub, p Kesseldruck, D Treibraddurchmesser und c als Koeffizient. Das Produkt aus Geschwindigkeit und dazugehörender Zugkraft war maßgebend für die Bemessung des Kessels, der innerhalb einer bestimmten Zeit eine entsprechende Dampfmenge liefern sollte. Die Leistung eines Kessels hing in erster Linie von der Größe der Heizfläche ab, von der Güte des Brennmaterials und der Art der Verbrennung.

Kam es zu einem Geschäftsabschluß, so begann die Arbeit im Konstruktionsbüro. Jedes der in die Tausende gehenden Teile mußte berechnet und gezeichnet werden als Grundlage für die Berechnung der Löhne und Herstellungszeiten sowie für die Materialbestellung.

Im Verwaltungsgebäude dicht neben dem Haupteingang waren im Erdgeschoß die kaufmännischen Büros, im ersten und zweiten Stock die technischen Büros und darüber das Zeichnungsarchiv und die Lichtpausanstalt untergebracht. Vom technischen Büro gelangte die Zeichnung zur Lichtpauserei, zum Kalkulations-, Fabrikations-, Terminbüro, zur Arbeitsverteilungsstelle und schließlich zur Zeichnungsausgabestelle.

Voraussetzung für den Guß der Dampfzylinder war die Gußform. In der Tischlerei wurden die Holzmodelle gefertigt, falls sie nicht im Modellager bereits vorhanden waren. Für die Dampfzylinder der Lokomotive wurde bestes feinkörniges Gußeisen genommen. Die Gußform aus Lehm oder Sand war das Abbild des hölzernen Zylindermodells. Nach dem Guß mußte das rohe Stück geputzt werden, bevor es auf der Drehbank, Fräs-, Hobel- oder Bohrmaschine weiter bearbeitet wurde.

Die Herstellung des Zylinders und des Kolbens einschließlich der Schieber, also der Dampfmaschine, bereitete viel weniger Probleme als die des Kessels, der wegen seines Gewichtes, wegen der hohen Drücke und Temperaturschwankungen viel stärkeren Belastungen unterworfen war.

Der Dampfkessel einer Lokomotive besteht aus zwei Hauptteilen: dem Hinterkessel (mit dem äußeren Stehkessel und der inneren Feuerbüchse) und dem Langkessel, vor dem sich die Rauchkammer mit dem Schornstein befindet. Der Kessel wurde aus Siemens-Martin-Flußeisen hergestellt und hydraulisch genietet. Sämtliche Nietlöcher wurden gebohrt und vor dem Zusammennieten genau aufeinandergepaßt. Die Feuerbüchse aus Kupfer (auf Wunsch auch Flußstahl), in der die Verbrennung stattfand, war im unteren Teil durch einen Bodenring mit dem Stehkessel verbunden. Mit Deckenankern war die Feuerbüchse am Stehkessel aufgehängt und Stehbolzen sorgten an den Seiten für die Absteifung. Auf beiden Seiten mit einem Gewinde versehene Stehbolzen wurden in engem Abstand in die zu verbindenden Bleche eingeschraubt, dann abgeschnitten, das Gewinde wurde abgefräst und mit einem Drucklufthammer und Gegenhalter unter höllischem Lärm vernietet.

In den Langkessel, der aus zwei oder mehreren ineinandergesteckten Kesselschüssen bestand, wurden die Siede- und die stärkeren Rauchrohre, in denen bei Heißdampfloks mit Rauchrohrüberhitzer die Überhitzerrohre Platz finden konnten, eingezogen. An Stelle der im allgemeinen nahtlos gezogenen Rohre aus Flußeisen konnten auf Wunsch auch Messing- oder Kupferrohre bei schlechter Wasserqualität und Stahlrohre mit Kupferstutzen bei stählernen Feuerbüchsen geliefert werden. Anschließend wurde der Kessel mit dem Dampfdom, mit den Waschluken und dem Ablaßhahn, zwei Sicherheitsventilen, Wasserstandsgläsern und Probierhähnen versehen. Vor dem Einbau erfolgte eine hydraulische Druckprobe als

Schrank zur Aufbewahrung und Kontrolle von Werkstattzeichnungen. Gegen Marken wurden die Zeichnungen entliehen.

Voraussetzung für eine amtliche Bescheinigung.

Zum Triebwerk zählten Kolben mit Ringen, Kolbenstangen, Kreuzköpfe, Kreuzkopfbolzen, Kreuzkopfgleitstangen sowie die Treib- und Kuppelstangen mit ihren Lagern. Mit Ausnahme der Kolbenkörper aus weicherem Material und den Gleitstangen mit gehärteten Einsätzen bestanden diese Teile aus Siemens-Martin-Flußstahl. Dies galt auch für die Steuerung.

Der Rahmen als tragendes Element konnte entweder als Plattenrahmen (Blechrahmen) oder als Barrenrahmen ausgeführt werden. Plattenrahmen, aus stehenden Blechen und Winkeleisen genietet, wurden den in Amerika gebräuchlichen Barrenrahmen, die aus schmiedeeisenen Stäben zusammengeschweißt waren, in Europa vorgezogen. Die Mängel der Barrenrahmen, Brüche und unkontrollierbare Schweißstellen, sollten bei dem Borsigschen Verfahren nicht mehr vorkommen: Die rostförmigen Längsträger wurden aus ganz homogen gewalzten, soliden Stahlplatten von 60–100 mm Stärke ausgeschnitten.

Nach dem Anbau des Zylinders an den Rahmen konnte der Kessel aufgesetzt werden. Dabei durften beide nur an der Rauchkammer fest miteinander verbunden sein, denn der Kessel dehnte sich ja aus. Eine letzte Kraftanstrengung, und Rahmen und Kessel ruhten dann auf den Rädern. Nun mußten nur noch die Steuerung justiert und das Führerhaus montiert werden. Die Lokomotive war bereit zur Probefahrt.

Zwei Jahre nach der 75-Jahr-Feier brach der Erste Weltkrieg aus. Kurz vorher erhielt Borsig einen einmaligen Auftrag: Zum ersten Male kam

Herstellen der Sandgußform für den Dampfzylinder.
Das Modell zum Einformen ist bereits entfernt.

Ausbohren des Kolbenschieberkastens neben dem Zylinder.

Nach dem Schweißen des Bodenringes, der Stehkessel und
Feuerbuchse verbindet, wird dieser auf der Fräsmaschine weiter
bearbeitet.

Bohren der Löcher für die Stehbolzen, die den äußeren
Stehkessel mit der Feuerbuchse verbinden.

Nieten mit Preßluftwerkzeugen.

Ausschnüren (Vermessen) eines Kessels.

Einbringen der Rauchrohre in den Heißdampfkessel.
In den Rauchrohren stecken dann die Überhitzerrohre.

Aufschleifen des Domoberteils
Aus dem Dampfdom wird der Dampf für die Zylinder
entnommen.

Spannender Moment: die Druckprobe des fertigen Kessels.

Die geschmiedete Treibstange wird auf der waagrechten
Reißplatte vorgezeichnet und anschließend gefräst und gebohrt.

Rundschleifen einer Kulisse für die Steuerung.

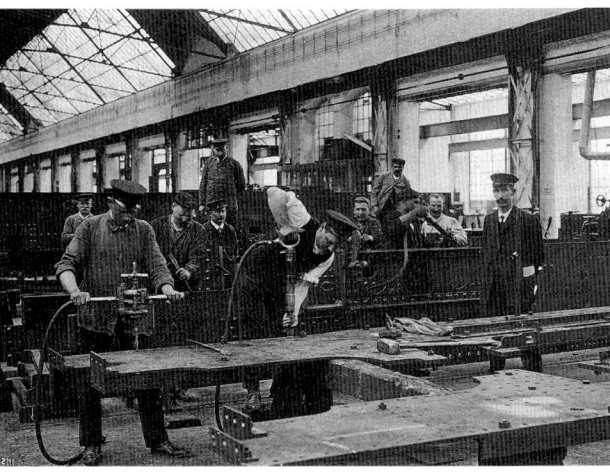

Bohren, Nieten und Stemmen am Rahmen.

Nieten des Stehkessels an der hydraulischen Presse.

Der Zylinder wird an den Rahmen angebaut und die Achse mit Schnüren genau ausgerichtet.

Der Rahmen mit Zylinder wird auf die Achsen gebracht.

Aufsetzen des Kessels auf den Rahmen.

Für die richtige Dampfverteilung muß die Steuerung durch Drehung der Treibachse ausreguliert werden.

Fertig zur Probefahrt.

Die fertige Lokomotive: Preußische Personenzuglokomotive Gattung P8. Gesamtlänge 18590 mm, Treibraddurchmesser 1750 mm, Dienstgewicht der Lokomotive 71,9 t, des Tenders 47,4 t. Kohlen- und Wasservorrat des Tenders 7,0 t bzw. 21,5 m³, Spurweite 1435 mm.

Lokomotivmontage im Werk Tegel, 1902.

Tenderlokomotive (Nr. 5107, B'B n4vt) für die
Gera-Meuselwitz-Wuitzer Eisenbahn, nach Mallet-Bauart für
größere Kurvenbeweglichkeit, 1902.

Dampftriebwagen (Nr. 6198, B1'n2) für die
italienische Staatsbahn, 1907.

Kranlokomotive des Tegeler Werks. Dampfkran
mit 3 Tonnen Hebelast.

50 PS Lokomotive (Nr. 5172, B n2t) für das kgl. Hüttenamt in
Gleiwitz, 1903.

Nebenbahn-Tenderlokomotive (Nr. 6343, C n2t) für die
Industriebahn Tegel-Friedrichsfelde, 1907.

Heißdampf-Schnellzug-Tender-Lokomotive
Gattung T10 (2'C h2t), 1909.

Für den Schiffstransport verpackte Zwillingsmaschinen (C n2t) für die Japanische Feldbahn, 1905.

Güterzug-Tenderlokomotive (Nr. 5665, 1'C n2t) für die Chilenische Staatsbahn, 1905.

Preußische Heißdampf-Güterzug-Lokomotive (Nr. 6944, 2'C n2t) der Gattung T10 auf der Ausstellung in Brüssel 1910.

145

Schnellzuglokomotive (2'C h2) für die Japanische Staatsbahn. 12 Lokomotiven dieses Typs wurden in der Rekordzeit von nicht einmal 3 Monaten 1911 gebaut. Am 17. 3. 1911, 2 Monate nach der Bestellung, steht die erste Lokomotive bereit zur Probefahrt. Für den Fotografen wurde alles stehen und liegen gelassen.

146

Von der Bagdadbahn von Konya nach Bagdad mit 2250 geplanten Kilometern waren 1913 erst 600 Kilometer in Betrieb. Ein Jahr zuvor kamen die ersten 5 Lokomotiven an (im Bild Nr. 8476 u. 8477, C n2t).

Eine von zwölf für die kgl. Dänische Staatsbahn bestimmte Lokomotive (Nr. 8580–8592, 2'C h2)
vor dem Tor des Tegeler Werks, April 1913.

Mallet-Tendenderlokomotive (Nr. 7057, B'B n4) für eine italienische Gesellschaft, 1909.

Straßenbahnlokomotive (Nr. 7624, B n2t) von 50 PS für Südamerika.

Druckluftlokomotive (Nr. 7885, Cv), für Tunnelbau in die Schweiz 1911 geliefert.

1C-Heißdampf-Personenzug-Lokomotive (Nr. 8172, 1'C(1)h2) mit besonderer Tragachse für die Anatolische Bahn, 1911.

Aufsetzen des Kessels und des Rahmens auf die Achsen bei der für die South Eastern and Chatham Railway bestimmten Lokomotive (Nr. 8946, 2'B h2), Mai 1914.

Probefahrt einer der 10 Lokomotiven für die englische Südostbahn, Mai 1914. Es war die einzige Lieferung von Vollbahnlokomotiven vom Kontinent nach England.

eine Bestellung auf Vollbahnlokomotiven aus England, von wo der Lokomotivbau seinen Ausgang genommen hatte. Die 10 Lokomotiven (2'B h2) verließen im Mai 1914 das Werk in Tegel. Danach gab es während des Krieges keine Exporte mehr, dafür Lieferungen in großer Zahl für das Militär. In den vier Kriegsjahren wurden 1000 Lokomotiven gefertigt: Die 9000. Lokomotive, eine Güterzuglokomotive G 10 (E h2), ging im November 1914 an die Eisenbahndirektion Kattowitz, die 10000., eine G 12 (1'E h3), am 12. 10. 1918 nach Münster. Einen Monat später war Waffenstillstand. Um den wachsenden Ansprüchen in bezug auf Geschwindigkeit und Zugkraft gerecht zu werden und um den zulässigen Achsdruck nicht zu überschreiten, ging man immer mehr zu fünffach gekuppelten Güterzuglokomotiven über. So entstand gegen Ende des Krieges die G 12, die zur Aufnahme des größeren Kessels noch eine vordere Laufachse erhielt und mit drei Zylindern ausgerüstet war, um das Anfahren zu erleichtern.

Mit Ausnahme des Jahres 1919 nahm in den Nachkriegsjahren die Lokomotivproduktion zu und erreichte 1922 den absoluten Rekord von knapp über 20000 Tonnen, um dann nach dieser Scheinblüte ins Bodenlose zu fallen. Durch die Ablieferung von 5000 Lokomotiven an die ehemaligen Kriegsgegner mußte in Deutschland Ersatz geschaffen werden. Zusätzlich wurden Aufträge an die Firmen vergeben, um die Kriegsheimkehrer zu beschäftigen, und so wurde auf Vorrat gebaut (sogenannte Demobilmachungslokomotiven). Vor dem Kriege bestanden in Deutschland 19 Lokomotivbauanstalten, die mit etwa 60000 Beschäftigten vorwiegend für das Inland produzierten (1913: 134000 Tonnen Inland, 46000 Tonnen Ausland). Die Gesamtproduktion belief sich 1921 und 1922 auf etwa 220000 Tonnen jährlich, 1923 140000 Tonnen und 1924 33000 Tonnen, um dann bis 1926 auf 26000 Tonnen abzunehmen. Die Deutsche Reichsbahn bestellte so gut wie keine Lokomotiven bei Borsig, wenn auch die 11000. Lokomotive (1'D1' h3, Gattung P 10) am 8. 4. 1922 an die Deutsche Reichsbahn ging. Erschwerend kam hinzu, daß nach dem Krieg drei weitere Firmen den Lokomotivbau aufnahmen (AEG, Krupp und zeitweise Rheinmetall). 1928 übernahm Borsig den Lokomotivbau (d. h. die Quote) von den Vulcan-Werken Stettin und Hamburg.

Auch für den Export sah es nicht besser aus. Einige Länder wie Spanien, Italien, Dänemark, Japan u. a. hatten inzwischen selbst Lokomotivindustrien aufgebaut, andere kauften in den Vereinigten Staaten zu günstigeren Bedingungen. Was das für das Tegeler Werk bedeutete, drückte Ernst von Borsig 1927 so aus: »Was nun insbesondere unser Werk anlangt, so tragen wir diesen Tatsachen dadurch Rechnung, daß auch wir unsere gesamte für den Lokomotivbau bestimmte Organisation aufrechterhalten und vervollkommnen, und daß wir versuchen, die Opfer, die wir hierdurch bringen, durch um so intensivere Arbeit auf unseren zahlreichen anderen Herstellungsgebieten auszugleichen. Hierdurch erreichen wir, daß wir auf einer konstruktiven und technischen Höhe bleiben, die es uns ermöglicht, nach wie vor alle Anforderungen unserer Besteller voll und ganz zu erfüllen und die uns in den Stand setzt, in dem Augenblick, in dem die Lokomotivindustrie wieder einen Aufschwung nehmen wird, auch den weitestgehenden Ansprüchen an unsere Leistungsfähigkeit in qualitativer und quantitativer Hinsicht ohne Mühe gerecht zu werden«.

Unter dem Eindruck der wirtschaftlichen Verhältnisse war man in den Nachkriegsjahren bemüht, die Typenvielfalt zu reduzieren, Teile zu normen und den Austauschbau zu forcieren. Wenn auch die Vereinheitlichung der mehr als 10 Spurweiten zwischen 600 und 1676 mm in der Regel aus technischen Gründen nicht möglich war, so konnte man doch bei den Einzelheiten beginnen. Ein Lokomotivnormenausschuß erarbeitete mehrere hundert Normenblätter. Nur ein Beispiel: Vor der Normung gab es für ein so einfaches Lokomotivteil wie den Roststab nicht weniger als 189 Größen und 21 verschiedene Ausführungen, danach nur noch 39 Größen und 2 verschiedene Ausführungen. Das vom Deutschen Lokomotiv-Verband gebildete Vereinheitlichungsbüro hatte seinen Sitz im Werk Tegel unter Leitung des Oberingenieurs August Meister, der seit 1903 in der Abteilung Lokomotivbau bei Borsig tätig war.

Das Ergebnis dieser Vereinheitlichungsbestrebungen war die 12000. Borsig-Lokomotive. Am 8. Dezember 1925 wurde die dreifach gekuppelte Heißdampf-Einheits-Schnellzug-Lokomotive (2'C1' h2) mit vorderem Drehgestell und hinterer Lenkachse (Baureihe 01) der Reichsbahn übergeben. Die Einführung dieser Einheitslokomotiven bedeutete den Anfang eines neuen betriebswirtschaftlichen Systems, das auf der Austauschbarkeit aller Konstruktionsteile beruhte.

Kurz vor Kriegsende verläßt die 10 000. Lokomotive (1'E h2) geschmückt das Werk, 12. 10. 1918.

Zylinder-Durchmesser	520 mm
Kolbenhub	660 mm
Triebrad Durchmesser	1 750 mm
Fester Radstand	4 000 mm
Gesamtradstand	11 600 mm
Dampfüberdruck	14 atü
Rohfläche	4 qm
Verdampfungsheizfläche	221 qm
Überhitzerheizfläche	82 qm
Gesamtheizfläche	303 qm
Leergewicht	101 t
Dienstgewicht	112 t
Reibungsgewicht	78 t
Zuläss. Höchstgeschwindigkeit	110 km/Std.

Auf der P. 10.

In der Lackiererei unseres Werkes stehen wie spiegelblank geputzte Rosse einige P. 10, die zur ersten Ausfahrt fertig gemacht werden. Am nächsten Vormittag 9ᵗʰ pünktlich ist wieder Probefahrt auf der Strecke Tegel-Schönholz-Oranienburg. Der Prüfling wird einer peinlichen Revision unterzogen. Der Werkstättenvorsteher der Reichsbahn, Herr Kettrup, und unser Revisor, Herr Borowsky, untersuchen die Riesin aufs genaueste und einige Montageschlosser legen hier und dort die letzte Hand an. Welche schwerwiegenden Folgen eine Unachtsamkeit, eine kleine Vergeßlichkeit, eine fehlerhafte Arbeit an einer von der Kontrolle übersehenen Stelle haben kann, bedarf keiner besonderen Hervorhebung. Alle, die die Maschine unter Anspannung der Höchstleistungen fahren, setzen ihr Leben aufs Spiel, wenn nicht alles in Ordnung ist. Die Kette der Verantwortlichkeiten, die hier geschlossen wird, ist sehr lang, wenn man bedenkt, daß von den Rohstoffen bis zur letzten Fertigung vielleicht 1000 Hände an den Teilen der Riesenmaschine gearbeitet haben. Revisionen und Prüfungen der Einzelteile gewähren gewiß schon eine bestimmte Sicherheit für einwandfreie Beschaffenheit der Fertigung. Aber von entscheidender Bedeutung bleibt doch das Verantwortlichkeitsgefühl der arbeitenden Menschen, das anerzogen oder gefördert wird in der Gemeinschaftsarbeit. Das wird besonders erkennbar bei dem Zusammenbau, der durch Kolonnen, durch Arbeitsgruppen, von denen jede bestimmte Teile übernimmt, erfolgt. Unachtsamkeit bei der einen Gruppe kann bei der folgenden oder bereits daneben arbeitenden schon Unglücksfälle oder Verletzungen hervorrufen.

Die Prüfung der Revisoren, die unsere jüngste P. 10 mit höchster Peinlichkeit untersucht haben, ist beendet. Am nächsten Morgen, 2 Stunden vor der Abfahrt beginnt der Heizer seine Arbeit, nachdem die Maschine mit Wasser und Kohlen versorgt worden ist. Um 9 Uhr zeigt das Manometer auf 14 Atmosphären Druck, die Oelkannen sind fleißig gebraucht worden, zur Abfahrt ist alles bereit.

Außer dem Führer der Reichsbahn, Herrn Kettrup, einem Heizer, dem Revisor und einem Montageschlosser nehmen an der Fahrt Herr Regierungsbaumeister Vock, der Leiter unserer Lokomotivmontage und als Gast der Schriftleiter der Borsig-Zeitung, eingepackt in öldichtem Mantel, teil. Der Raum im Führerhäuschen ist beengt, aber durch den angehängten Tender doch so groß, daß wir uns noch gut bewegen können.

Mit einem Griff an einem Hebel öffnet sich die Einwurföffnung in der Feuerbüchse, und unser Heizer wirft mit Geschick noch einige Schaufeln Kohle auf. Die Feuerklappe fällt zu. Der Ersatz der Feuertür durch die nach dem Inneren der Feuerung sich öffnende Klappe, ist sicher ein großer Vorteil. (Siehe Zeichnung)

Rechts, seitlich vom Kessel, steht der Führer, vor sich ein großes Handrad, mit dem er die Steuerung bedient und die Füllung der Dampfzylinder einstellt. Die linke Hand legt er an den langen Ventilhebel. Die Bremsen bedient er mittels 2 Hebeln ebenfalls mit der rechten Hand. Vor dem Führer, der durch ein seitliches Fenster den Blick nach vorn, am Kessel entlang, richtet, liegt die

große Scheibe des Geschwindigkeitsmessers. Richtet der Führer den Blick schräg nach oben, so beobachtet er eine Anzahl Manometer der Bremsen. Sein Blick muß aber auch auf die Wasserstandsgläser, auf das große Kesselmanometer gerichtet bleiben. Der Heizer steht links und sieht durch das linke Seitenfenster nach vorn. Er hat seinen Kessel auf Druck zu halten, die Kesselspeisepumpen zu betätigen, die Schmierapparate für die Lokomotive zu überwachen und den Führer in der Beobachtung zu unterstützen.

Alle Mitfahrer sind hochgeklettert, die Türen werden geschlossen, der Führer drückt den Hebel, ein Pfiff schallt über den Werkhof, der Pförtner öffnet das große Tor, die linke Hand des Führers greift hoch an den langen Ventilhebel, den er langsam seitlich drückt und die Riesin, auf der wir stehen, läuft ruhig an, als ob sie das schon immer so gemacht hätte. Langsam fahren wir über die Berliner Straße, an den erstaunt und bewundernd hochschauenden Fußgängern vorüber, die uns von unserer Höhe aus so unbedeutend erscheinen und in wenigen Augenblicken sind wir auf dem Bahnhof Tegel.

Schnell holt unser Führer die Steuerung herum, indem er das große Handrad mit der langen Spindel herumdreht, und wir fahren rückwärts, den Tender voraus. Jetzt heißt es, die Signale beachten. Ein Vorsignal steht hoch, ein Zeichen für langsame Fahrt. Bald sind wir am Hauptsignal, das auf „Halt" steht. Wir haben also Zeit. Alle Mann herunter und die Fachleute verteilen sich nach vorn und hinten, befühlen die Maschine, ob sie auch nicht warm geworden ist, fetten ihre Gelenke gut ein, damit sie spielend sich bewegen. Baumeister Vock moniert noch dies und jenes, Beobachtungen werden ausgetauscht. Da geht das Signal hoch, im Nu sind wir alle wieder oben, die P. 10 läuft leicht voraus und bald sind wir auf der Hauptstrecke Berlin-Stralsund. Jetzt besteigt Herr Eisenbahnamtmann Schneider vom Maschinenamt VI die Maschine und die Prüfung beginnt, denn vom Stellwerk aus erhielten wir das Signal „Freie Fahrt".

Schneller und schneller läuft die P. 10. — 50, 60, 70, 80, 90, 100 km sind erreicht. Eine Kurve kommt und die Schnelligkeit wird verringert. Wieder haben wir freie Fahrt, 100 km zeigt der Geschwindigkeitsmesser, 110 sind erreicht, die vorgeschriebene Leistung für die Abnahme, bald haben wir 115, dann 120 km die Stunde. Zu meiner größten Verwunderung läuft die Riesenmaschine fast erschütterungslos als ob man in einem gut gefederten D-Zugwagen säße. Ein Kontrollmanometer wird aufgehängt, um zu prüfen, ob auch das Kesselmanometer genau anzeigt. Inzwischen hat ein starker Regen eingesetzt, der Dampf wurde zur Seite gedrückt, so daß wir auf der rechten Seite keinen Ausblick mehr hatten. Mit einem Griff war das Seitenfenster geöffnet und der Führer hielt Ausschau, um die Signale zu erkennen. Jetzt bekam ich eine Vorstellung davon, was es heißt, einen Zug mit Tausenden von Menschen bei nebligem Wetter zu fahren. Unser Heizer mußte kräftig schaufeln, um den Spannungsabfall im Kessel bei der hohen Geschwindigkeit nicht zu groß werden zu lassen.

Wir waren am Ziel, im Oranienburger Bahnhof, wo die Maschine gedreht werden sollte zur Heimfahrt. Hier erfolgte die Prüfung der Sicherheitsventile, die von dem Abnahmebeamten nunmehr plombiert wurden. Da die Drehscheibe für die P. 10 und Tender zu klein ist, so wurde der Tender losgekuppelt, auf der Scheibe gedreht, worauf die Maschine ebenfalls zur Heimfahrt gewendet wurde. Diese Zeit wurde wiederum zu eingehender Untersuchung benutzt. Ich erfuhr hier auch, daß die Maschine „S c h e u k l a p'p e n" erhalten wird, das sind ·2 Seitenbleche vorn am Kopf, um die Luft, die schon durch ein breites Blech, das unter 45⁰ schräg gestellt ist, bei der Fahrt nach oben gedrückt wird, seitlich zusammen zu halten. Damit soll der Dampf nach oben gedrückt werden, so daß das Niederschlagen des Rauches vor dem Führerstand vermindert wird.

Die Heimfahrt beginnt, nochmals geht es auf höchste Geschwindigkeit, Telegraphenstangen und Bäume fliegen an uns vorüber. Ich stehe dicht hinter dem Führer, verfolge jeden seiner Handgriffe, schätze die Geschwindigkeit an dem Vorbeifliegen der Masten und Bäume und kontrolliere sie auch an dem Geschwindigkeitsmesser. Wenn ich jetzt wieder einmal D-Zug fahre, werden sich meine Fahrtgenossen sehr wundern über meine Fachkenntnisse, wenn ich ihnen sage, daß wir so und so viele Kilometer fahren. Im übrigen habe ich mir die Nummer der P. 10 wohl notiert, 39058, denn es könnte ja sein, daß sie zufällig den Zug ziehen müßte, der auch mich irgendwohin mitnehmen muß, und dann bin ich sicher, daß meine Geschwindigkeitsschätzungen stimmen werden.

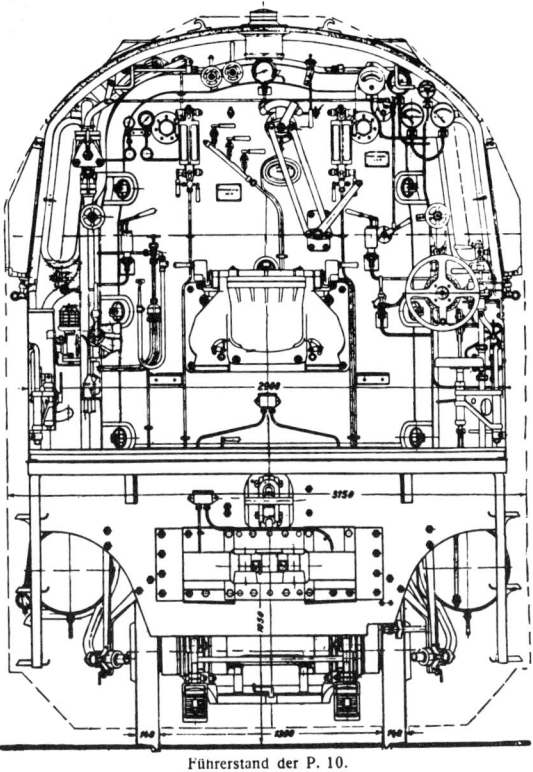

Führerstand der P. 10.

Unser Führer zieht die Bremsen, 39058 steht, ein Materialzug liegt vor uns, wir müssen warten, Zeit zum Frühstücken. Wir sprechen von den Nöten der Reichsbahn und hoffen, daß sie uns recht bald neue Aufträge erteilen möchte, um auch unsere Personalentlassungen aufzuheben. Hoch geht der Signalarm, unser Stahlroß schnauft und nähert sich bald dem Ziel, der Station Schönholz, wo wir wieder auf Tegeler Gleis fahren. Der Abnahmebeamte, Herr Schneider, verläßt uns befriedigt, die 39058 ist gut gelaufen, als ob sie es geahnt hat, daß der Schriftleiter der Borsig-Zeitung über ihr Verhalten berichten wird.

Rückwärts, mit dem Tender voraus, fahren wir nach Tegel, um dort auf unserem Anschlußgleis wieder mit der Spitze voraus zu fahren. Unser Pförtner winkt, P. 10 überfährt die Berliner Straße zum Aerger der „28", die uns vorbeifahren lassen muß, ein Pfiff aus der Dampfpfeife, und wir sind Punkt ¹/₂1 Uhr wieder auf dem Werkhof. Ich lege meinen Oelmantel ab und bedanke mich dafür, daß man mich mitgenommen und freundlich belehrt hat. Die 39058 wird aber jetzt noch einmal unter Kontrolle genommen. Der Betriebsleiter, Herr Vock, hat einige Arbeiter herbeiholen lassen, die noch diese und jene kleinen Mängel nach seinen Weisungen beseitigen müssen, denn heute noch muß die Maschine hinaus ins Leben, damit wir dem Eisenbahn-Zentralamt unsere Rechnung überreichen können, um Rentenmark für den Löhnungstag zu erhalten.

astr.

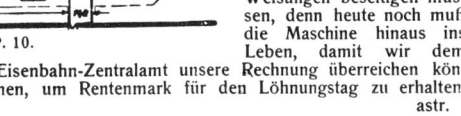

Aus: Borsig-Zeitung 1 (1923/1924).
An Stelle des ursprünglichen Bildes einer P10 wurde das Bild der P10 mit der Fabrik-Nummer 11820 gesetzt, die am 16. 8. 1927 ausgeliefert wurde.

Tenderlokomotive der Halberstadt-Blankenburger
Eisenbahngesellschaft (1'E1' h2t), 1920.

Abtransport der 100. elektrischen Abraumlokomotive (Bo' Bo'),
1921. Gemeinschaftsarbeit von Siemens-Schuckertwerke
G.m.b.H und Borsig.

Teilansicht der Lokomotiv-Montagehalle mit der Fertigung von
elektrischen Abraumlokomotiven, 1921.

Blick in die Lokomotiv-Reparaturwerkstatt, östliches
Seitenschiff, Ende der zwanziger Jahre.

Personenzuglokomotive P10 (Nr. 11808, 1'D' h3, DRG 39248) mit Werksangehörigen, September 1927.

Parallel mit der Vereinheitlichung der Lokomotiven und Entwicklung neuer Typen vollzog sich auch eine Durchbildung der Klein- und Nebenbahnlokomotiven. Ein Beispiel dafür war die Sonderkonstruktion für die Halberstadt-Blankenburger Bahn, für die es galt, einen Ersatz für den schwerfälligen und teuren Zahnradbetrieb zu schaffen. Die neu konstruierte Güterzugtenderlokomotive (1'E1' h2t) erbrachte 1920 den Beweis, daß die veraltete Zahnradlokomotive auf Steigungen bis 70% durch einen reinen Reibungsbetrieb abgelöst werden konnte. Seit 1912 baute Borsig elektrische Lokomotiven und zwar vorwiegend für den Abraumbetrieb in Braunkohlewerken in Zusammenarbeit mit den Siemens-Schuckertwerken.

Trotz großer Anstrengungen war der Lokomotivbau aus wirtschaftlichen Gründen nicht mehr zu halten. Am 1. Januar 1930 endete offiziell die Produktion von Lokomotiven in der Firma A. Borsig, Berlin-Tegel. Die auf das Werk entfallende Lokomotivquote wurde an die AEG verkauft, die seit 1920 Lokomotiven in Hennigsdorf bei Berlin baute. So entstand die Borsig Lokomotivwerke G.m.b.H., von der die AEG 60% und die Borsig offene Handelsgesellschaft 40% der Anteile besaßen.

Als der Schriftsteller Walter Benjamin 1930 eine Reportage über das Tegeler Werk verfaßte – es waren Vorträge für die Jugendstunde des Rundfunks –, war das Ende des Lokomotivbaus bei Borsig bereits abzusehen:

»Nehmen wir an, wir haben Glück, so werden bei Borsig grade Lokomotiven gebaut. Denen können wir dann in den verschiedensten Abteilungen begegnen. Wir wollen uns aber um die erste und letzte kümmern. Und wirklich haben wir Glück. Grade jetzt baut Borsig 70 Lokomotiven für Serbien auf Reparationskonto. Die erste Station ist die Kesselschmiede. Da treten wir also ein. Hier werden im Jahr ungefähr 600 Lokomotivkessel zusammengeschmiedet. Ein Lärm empfängt uns, als würden jetzt grade die 600 auf einmal zusammengeschmiedet. 40 bis 50 Menschen, nicht mehr, mögen in dieser Riesenhalle an der Arbeit sein. Und da sie über 100 Meter lang ist, verlieren sich natürlich die Einzelnen. Das ist gerade das Merkwürdige: der Lärm ist betäubend, aber Menschen sieht man nicht viele. Zuerst, solange es einem ungewohnt ist, kommt man nicht vorwärts, so vorsichtig bewegt man sich schrittweise. Denn nicht nur unter uns sind überall Schienen, sondern erst recht über uns, auf denen auf Rädern die großen Krane laufen, die die Lasten, Eisenwaren, Kesselstücke, Radhälften – denn die großen Räder werden immer in Hälften fabriziert und danach zusammengeschweißt – von einem Ende der Halle zum anderen schleppen. Man weiß nie, ob nicht grade so ein zierliches Schmuckstück über einem hin- und herbaumelt. Genietet werden die Kessel mit sogenannten hydraulischen Nietmaschinen, das sind eine Art von Pumpen, deren Kolben unter riesigem Druck stehen. So eine Nietmaschine, die die Stücke unter einem Druck von 2000 Zentnern zusammennietet, wird von einem einzigen Menschen bedient. Dabei müßt ihr nicht denken, daß der Herstellungsprozeß bei Borsig damit anfängt. Nein, schon die einzelnen Stücke, aus denen diese Kessel zusammengeschmiedet werden, werden im eigenen Betrieb hergestellt. Das ist in einer anderen Halle, der sogenannten Hammerschmiede, wo zwölf Schmiedeöfen und 18 Dampfhämmer, sieben hydraulische Pressen und was sonst noch für Maschinen das Roheisen zu den gewünschten Formen verarbeiten. Die Eisenerze freilich, aus denen dieses Roheisen gewonnen wird, besitzt Borsig nicht selbst. Die kauft er in Deutschland oder in Skandinavien. Von da ab aber bleibt nun alles bis zur fertigen Lokomotive im eigenen Betrieb. Dabei wird die Gewinnung des Roheisens aus den Erzen nicht hier, sondern in den Werken betrieben, die Borsig in Oberschlesien an der polnischen Grenze hat. Eine solche Anlage, wo alles vom Rohprodukt bis zur fertigen Ware von einer einzigen Firma hergestellt wird, nennt man vertikale Konzentration; auf deutsch eigentlich: senkrechte Zusammenfassung. Man stellt sich vor, das Eisen ist gewissermaßen am tiefsten, unter der Erde, und dann steigt der Erzeugungsvorgang immer höher, verfeinert sich immer mehr, bis er bei der fertigen Ware anlangt, hier also bei der Lokomotive. Ihr ahnt ja gar nicht, was für verschiedene Arten Lokomotiven es gibt, die alle dort fabriziert werden. Elektrische Lokomotiven, Lokomotiven für Kohlen-, aber auch für Holzfeuerung; für Brasilien zum Beispiel, wo der Brennstoff sehr teuer ist, so daß sie besonders sparsam arbeiten müssen, feuerlose Lokomotiven, die durch Heißdampf betrieben werden und die man für feuergefährliche Betriebe braucht oder für Schlachthöfe, wo es nicht rußen darf. All diese Dinge entstehen bei Borsig. Jeder Staat verlangt etwas anderes, jeder Auftraggeber hat seine besonderen Wünsche, denen manchmal mit unheimlicher Geschwindigkeit entsprochen werden muß.(...)

Entgleiste Werkslokomotive in Tegel, Mitte der dreißiger Jahre.

Aufsetzen des Kessels mit Rahmen auf die Radsätze.
Reparationslokomotive (Nr. 12162, 1'E h3) für die Jugoslawische Staatsbahn, April 1930.

Die 14 000. Lokomotive (1'C h2) für die Ägyptische Staatsbahn, 1. 8. 1931.
In dieser Zeit hatte Borsig offiziell seinen Lokomotivbau eingestellt.

Nun aber zurück zu unserer Lokomotive. Viele Stationen überspringen wir, um sie zuletzt in der Montagehalle wiederzufinden, wo sie aus ihren einzelnen Teilen zusammengesetzt und schließlich lackiert wird. Das Lackieren allein dauert gegen acht Tage. Als ich die Halle betrat, war grade Mittagspause. Es war also still. Die Arbeiter saßen auf dem Boden und packten ihr Frühstück aus. Es roch nach Lack. Vorn war die große Klappe, sozusagen das Bruststück der Lokomotive, geöffnet, und man konnte ins Innere hineinsehen. Zwischen den Geleisen, in denen sie stand, war ein tiefer Schacht, so daß man an ihrem Untergestell arbeiten konnte. Diese Lokomotivstände sind so gebaut wie die Schiffsdocks, an denen es ja auch das Wichtigste ist, daß man von unten an die Schiffe heran kann. Solche Lokomotivdocks gibt es 39 bei Borsig. Wenn nun diese Lokomotiven fertig geworden sind, dann werden sie von Borsigschen Leuten selber nach Serbien heruntergefahren. Aber das ist so nicht nur mit Lokomotiven, sondern mit den meisten großen Maschinen, seien es nun Dampfturbinen, Pumpen, Anlagen für die Veredelung von Öl oder ähnlichem, die bestellt werden. Solche Waren kann man den Auftraggebern nicht einfach zu-

schicken wie einen Kleiderschrank; die müssen an Ort und Stelle genau richtig eingepaßt und in Betrieb gesetzt werden. Für diese Aufgabe hat man eigene Arbeiter. Das sind die sogenannten Richtmeister, die durch ihren Beruf oft weit in der Welt herumkommen. Es kommt vor, daß solche Leute lange fortbleiben, wie zum Beispiel einer der Borsigschen Richtmeister 1925 nach Lahore in Indien abfuhr und zwei Jahre dort blieb, um eine bei seiner Firma hergestellte Rohrleitung in ein Kraftwerk einzubauen. Woher ich das weiß? Nun, es hat natürlich kein Mensch in so einem Werk Zeit, sich mit einem stundenlang hinzustellen und alles zu erzählen, wofür man sich interessiert. Da muß man sich schon selber ein bißchen umtun. Und da ich wußte, daß es bei Borsig, wie bei manchen anderen sehr großen Werken, eine Zeitung für die Werksangehörigen gibt, so habe ich darin ein bißchen geschnuppert. Da steht nicht nur die ganze Geschichte von Lahore drinnen, da findet man vor allem die neuesten technischen Erfindungen auf dem Gebiet des Maschinenbaus. Man findet auch Beiträge von Arbeitern drin, Ratschläge, manchmal sogar Beschwerden.«

Schiffskessel im Bau in der Kesselschmiede I. Insgesamt 8 dieser Kessel mit je 170 m² Heizfläche und Überhitzer von je 72 m² bei einem Druck von 13 atü waren für einen dänischen Reeder in Kopenhagen bestimmt.

KESSEL UND DAMPFMASCHINEN

Der Bau von Kesseln und Dampfmaschinen gehörte seit Beginn der Firma Borsig zu den wichtigsten Arbeitsgebieten. Bis zum Jahre 1928 stellte Borsig fast 40 000 Kessel her, davon 14 000 Lokomotiv- und Dampfpflugkessel. Bedeckte die Kesselschmiede im Jahre 1902 eine Fläche von 12 000 m^2, so erstreckte sie sich Ende der zwanziger Jahre auf 25 000 m^2 in zwei Werkstättenkomplexen.

An Großwasserraumkesseln wurden für geringe Drücke und Leistungen hauptsächlich Ein- und Zweiflammenrohrkessel gebaut, bei denen die Rauchgase durch vom Wasser umspülte Rohre gingen. Sie waren zuverlässig herzustellen, leicht zu bedienen und einfach zu reinigen. Die zweite Bauart war der Rauchrohr- oder Heizröhrenkessel, wie er für Lokomotiven verwandt wurde. Der Bau von Wasserrohrkesseln, deren wassergefüllte Rohre von den heißen Gasen umspült wurden, begann bei Borsig 1879, als die Firma die entsprechenden Patente übernahm. Bei geringem Raumbedarf auf kleinster Grundfläche erzielte man mit den Wasserrohrkesseln bei hohen Drücken große Dampfleistungen. Im Gegensatz zum Schrägrohrkessel verlaufen die Wasserrohre beim Steilrohrkessel von einer unteren Trommel sehr steil nach oben zu einer oberen Trommel. Durch die Erwärmung des Wassers entstand ein Wasserkreislauf. An der Entwicklung von Hochdruckkesseln zur besseren Ausnutzung des Brennstoffs war Borsig maßgeblich beteiligt. Zwischen 1922 und 1924 entwickelte Borsig eine Anlage für einen Druck von 60 Atmosphären, der die um die Jahrhundertwende verwendeten Drücke um das Fünffache übertraf.

Nach dem Ersten Weltkrieg baute Borsig verstärkt Schiffskessel, die wegen der Hafenanlage am Tegeler See und damit unabhängig von den Ladeprofilen der Eisenbahn auch bei sehr großen Abmessungen nach Hamburg oder Stettin verfrachtet werden konnten. Weitere Abnehmer waren die Elektrizitätswerke. So lieferte Borsig für das Kraftwerk Klingenberg (Rummelsburg) sechs Kessel.

Eine besondere Abteilung beschäftigte sich mit der Ausarbeitung von Rohrleitungsanlagen jeder Art und Größe. Dabei entstanden Rohrleitungen für hohe Drücke nicht nur für Dampf, sondern auch für Wasser, Luft, Öle und Säuren, wie sie in der chemischen Industrie benötigt wurden. Kurz vor dem Ersten Weltkrieg begann man mit dem Bau des zu Tausenden hergestellten Dampfabsperrventils »Ideal«, das als erstes Ventil einen vollkommen freien Querschnitt aufwies und dessen Dichtungsflächen zudem ohne Ausbau nachschleifbar waren. Ein weiteres Ventil war das in allen Industriestaaten patentierte Borsig-Schnellschließventil, bei dem schon nach der ersten Umdrehung 80 % des Rohrquerschnitts geschlossen waren.

In den ersten 30 Jahren nach Gründung des Tegeler Werkes lieferte Borsig etwa 7000 Dampfmaschinen mit einer Leistung von rund 1,5 Millionen PS. Auf der Weltausstellung in Paris im Jahre 1900 war Borsig mit einer gewaltigen stehenden Dreifachexpansions-Dampfmaschine von 2000 PS vertreten, die mit einer Drehstrommaschine von Siemens & Halske gekuppelt war. Die Mannigfaltigkeit der von Borsig gebauten Dampfmaschinentypen wie Ventilmaschinen und Schiebermaschinen in Ausführung als Einfach- und Mehrfachexpansionsmaschinen, stehend und liegend, Gleich-

Beispiel für einen Wasserrohrkessel.

strommaschinen und Höchstdruckmaschinen ge-
statteten es, jedem Wunsch gerecht zu werden,
wie es auch in anderen Produktionsbereichen der
Fall war. Da Borsig infolge der Lieferungen von
großen Schmiedestücken in Schiffahrtskreisen gut
bekannt war, gelang es, ab 1920 Schiffsdampfma-
schinen zu verkaufen. Zu dem technischen Erfolg –
ab 1922 wurden Lentz-Einheits-Schiffsmaschinen
gebaut – gesellte sich leider kein finanzieller, da
der Beginn des Schiffsmaschinenbaus in die Inflationszeit fiel. Erst danach und mit dem Wiederauf-
bau der deutschen Handelsflotte besserte sich die
Lage.

Um 1900 entstand für die Dampfmaschine ein
neuer Konkurrent, die Dampfturbine. Erste Versuche mit Turbinen im Jahre 1903 wurden nicht weiter verfolgt. Zwanzig Jahre später schlossen die Erste Brünner Maschinenfabrik Gesellschaft und alle
deutschen, an der Brünner Gegendruckturbine in-
teressierten Lizenznehmer einen Vertrag. 1924

ging bei Borsig die erste Bestellung einer Turbine
ein und 1925 wurde eine eigene Abteilung für den
Turbinenbau eingerichtet.

Borsig-Ventile

162

Eine der beiden „Ohio"-Maschinen auf dem Prüfstand (1929). Trotz der Konkurrenz durch die Dampfturbine entschieden sich die amerikanischen Besteller für eine Borsigsche stehende Dreikurbelmaschine mit dreifacher Expansion (6000 PS, 100 atü). Zweiter von rechts Generaldirektor Neuhaus, umgeben von leitenden Mitarbeitern und den amerikanischen Kunden.

Zusammenbau einer Schiffsdampfmaschine, Mitte der zwanziger Jahre.

PUMPEN UND KOMPRESSOREN

Ein wichtiger Anwendungsbereich der Dampfmaschinen war der Antrieb für Pumpen. Borsig hatte bereits 1856 für die städtischen Wasserwerke in Berlin zwei stehende Dampfmaschinen geliefert und 1877/78 neun Dampfmaschinen mit Pumpen für die städtischen Kanalisationswerke. Die Zahl von 226 Millionen Kubikmeter Abwässer, die im Jahre 1926 in Groß-Berlin auf die Rieselfelder gepumpt werden mußten, verdeutlicht die Größenordnung der erforderlichen Anlagen. Borsigsche Kolbenpumpen für Rein- und Schmutzwasser waren in Deutschland weit verbreitet. 1909 ging über Moskau mit der Transsibirischen Eisenbahn eine Dampfpumpen- und Kesselanlage an das erste Wasserwerk in Peking.

Neben dem Bau von Kolbenpumpen betrieb Borsig den Bau von Kreiselpumpen, die direkt an schnellaufenden Motoren wie Elektromotoren angekuppelt werden konnten.

Serienmäßig gefertigte Kolben- und Kreiselpumpen in kleineren Ausführungen fanden breite Anwendung für die Hauswasserversorgung oder als Jauchepumpen in der Landwirtschaft.

Eine Besonderheit stellten die Mammutpumpen dar, für die Borsig 1894 das alleinige Ausführungsrecht erwarb, deren Prinzip aber bereits hundert Jahre bekannt war. Die Mammutpumpe war ein universelles Fördermittel, das durch Preßluft betrieben wurde und bei dem kein bewegtes Teil mit der zu hebenden Masse in Berührung kam. Im wesentlichen bestand die Mammutpumpe aus drei Teilen: dem Wasserheberohr, dem Luftzuführungsrohr und dem Fußstück, das die beiden anderen Teile unten verband. Wurde nun Preßluft in das Fußstück eingeführt, dann bildete sich in dem vom Wasser umgebenen Wasserheberohr ein Luft- und Wassergemisch. Infolge der Differenz der spezifischen Gewichte wurde das im Wasserheberohr enthaltene Gemisch gehoben. Die Mammutpumpe eignete sich z. B. in Zuckerfabriken zum Transport von Rüben und schmutzigen Abwässern (1916 wurde sogar ein kleiner Junge unbeschadet durch das Rohr gespült), in Zementfabriken zum Fortschaffen von Zementschlamm, in Petroleumgruben zur Hebung dünn- und halbflüssiger Rohöle. Eine besonders interessante Mammutpumpenanlage wurde beim Bau der Berliner Untergrundbahn angelegt. Bei der Unterführung der Spree durch die U-Bahn Spittelmarkt – Alexanderplatz wurde die Wasserhaltung in der Baugrube durch 64 Mammutpumpen, die in der Grube entsprechend verteilt waren, vorgenommen und damit der Grundwasserspiegel ungefähr 14 m unterhalb des Spreespiegels gehalten.

In den ersten 30 Jahren fertigte Borsig über 3500 solcher Anlagen mit einer stündlichen Gesamtleistung von mehr als 200 Millionen Litern.

Durch den Bau von Mammutpumpen sah sich die Firma veranlaßt, sich der Fertigung von Kompressoren zur Verdichtung von Luft und Gasen zuzuwenden. Andere Abteilungen benötigten ebenfalls Kompressoren. Deren Einsatz kam außerdem in Frage in der chemischen Industrie, für Staubreinigungsanlagen, vor allem aber zur Erzeugung von Preßluft für Werkzeuge, zur Füllung von Druckluftlokomotiven, zum Anlassen von Dieselmotoren usw. Ebenso wie die Kompressoren zur Erzeugung von verdichteter Luft dienten, konnten sie auch als Vakuumpumpen Anwendung finden wie z. B. für Rohrpostanlagen.

Beispiel für ein von Borsig geliefertes Pumpwerk: Eine liegende Dampfmaschine treibt die doppeltwirkenden Pumpen an (mit obenliegenden Windkesseln zum Druckausgleich).

Für den landwirtschaftlichen Einsatz: die Universal-Dickstoffpumpe „Kobra". Mit einem Elektromotor von $3/4$ PS betrug die Leistung der Kolbenpumpe in der Stunde 12 m³ Wasser, Schlamm und Dickstoffe aller Art.

Dampfpumpen des ersten Wasserwerks in Peking, um 1911.
Nach einer abenteuerlichen Reise über Moskau und mit Kosakenbegleitung durch Sibirien gelangten die Monteure mit ihrer Fracht nach China. In Peking mußten sie feststellen, daß ihr zuhause gelerntes Chinesisch dort nicht verstanden wurde. Außer dem Wasserwerk in Peking bauten Borsig-Monteure in ihrer zweijährigen Abwesenheit noch eine Dampfmaschinen- und Kesselanlage in einem chinesischen Zementwerk auf.

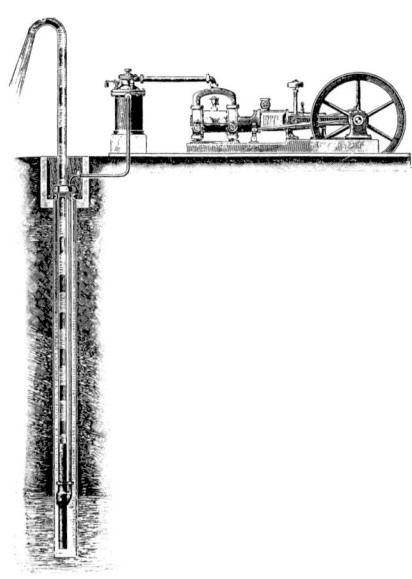

Montagehalle der Kompressoren für Kältemaschinen.

Die Mammutpumpe, das ideale Fördermittel für Flüssigkeiten jeder Art. Preßluft vom Kompressor (rechts oben) wird dem Fußstück zugeführt, steigt auf und nimmt die Flüssigkeit mit.

KÄLTEMASCHINEN

Der Beginn der Herstellung von Eis- und Kältemaschinen fiel bei Borsig auf den 1. Januar 1898. Zu diesem Datum wurde der Fabrikationszweig von der Berliner Maschinenbau-Actien-Gesellschaft vorm. L. Schwartzkopff übernommen und ab 1899 in Tegel weitergeführt. Borsig fertigte zunächst nach dem Schwefligsäure-Kompressionssystem in Konkurrenz zu Lindes Ammoniakmaschinen. 1906 kamen Ammoniak- und Kohlensäuremaschinen hinzu. Alle drei Typen arbeiteten nach dem Kompressionssystem.

Bei der Kompressions- oder Verdichtungskälteanlage wurde durch mechanische Arbeitsleistung auf Umwegen Kälte »erzeugt«. Der Kompressor, angetrieben durch eine Dampfmaschine oder einen Elektromotor, preßte in einem Zylinder durch einen Kolben das entsprechende dampfförmige Kältemittel zusammen. Das beim Zusammenpressen erwärmte Kältemittel wurde dann in die Rohrleitungen des Kondensators gedrückt und dort durch kaltes Wasser soweit abgekühlt, bis es flüssig wurde. Über ein Regulierventil gelangte das Kältemittel zum Verdampfer. Dort herrschte ein niedrigerer Druck als im Kondensator, und das flüssige Kältemittel verdampfte. Die Rohrleitungen des Verdampfers waren dabei von einer Salzlösung umgeben, der beim Verdampfen Wärme entzogen wurde und die sich dadurch selbst abkühlte. Der Kompressor saugte das dampfförmige Kältemittel wieder an, und der Kreislauf begann von neuem.

Die Wahl der wasserfreien schwefligen Säure (Schwefeldioxid, SO_2) als Kältemittel hatte den Vorteil, Kupfer als leicht zu verarbeitendes und gut wärmeleitendes Metall verwenden zu können. Die Drücke lagen bei etwa 2,5 bis 3 atm und eine Temperatur des Kühlwassers von 10°C reichte aus.

Bei höheren Kühlwassertemperaturen erhöhte sich der Druck nur auf das Doppelte, weshalb sich solche Maschinen für den Export in die Tropen gut eigneten. Durch die Beschaffenheit der schwefligen Säure erübrigte sich eine Schmierung. Undichte Stellen verrieten sich am charakteristischen Geruch, so daß die Maschine von den zu kühlenden Lebensmitteln räumlich getrennt werden mußte.

Maschinen mit Ammoniak (NH_3) erforderten eine Ausführung in Eisen oder Stahl, da Ammoniak Kupfer und seine Legierungen angreift. Die Drücke lagen beim Dreifachen der Werte wie bei der Schwefligsäuremaschine. Um das Zwanzigfache waren die Werte bei der Kohlensäuremaschine (CO_2) höher, doch verhielt sich die Kohlensäure neutral gegenüber Metallen. Von den Anforderungen an Druck und Temperatur her gesehen, waren die Schwefligsäure-Maschinen am einfachsten zu bauen (der Siedepunkt von SO_2 liegt bei etwa -10°C, von NH_3 bei -34°C und der von CO_2 bei -78°C).

Die Anwendungsmöglichkeiten für Eis- und Kältemaschinen waren zahlreich. In einem Katalog aus dem Jahre 1920 werden sie ausführlich geschildert:

In erster Linie fanden die Kältemaschinen Eingang in die Brauereien. Die Biervorräte konnten zu jeder Jahreszeit auf der gewünschten Temperatur gehalten werden, was vorher mit Natureis geschah. Ein milder Winter brachte aber nur wenig oder gar kein Eis, so daß die Brauer gezwungen waren, Eis aus entfernten Gegenden teuer zu beziehen. Ein weiterer Nachteil des Natureises bestand in den Verunreinigungen, wenn das Eis aus schmutzigen Teichen geerntet wurde. Im Katalog werden entsprechend einer Reklameschrift die Zustände in den dunkelsten Farben gemalt (»übelriechende Tümpel, in denen im Sommer Frösche und

Versuchseisbahn im Werk Tegel um 1906.

andere Amphibien ihr Wesen treiben«, »vermoderte Tier- und Pflanzenreste«, »üppige Schimmelbildung«). Mit dem neuen Verfahren wurde nicht nur kalte, sondern auch reine Luft den Gär- und Lagerkellern zugeführt. Die Kühlung der Bierwürze und die Speisung der Gärbottichkühler geschah durch gekühltes Wasser. Mehrere Großbrauereien in Berlin besaßen Borsigsche Kältemaschinen.

Das mehr oder weniger unhygienische Natureis wurde verdrängt durch das in Spezialfabriken hergestellte Kunsteis. In Stangenform wurde es für die Kühlschränke (Eisschränke) in den Haushalten und Gaststätten geliefert. Es gab Matteis (einfach gefrorenes Trinkwasser), Klareis (durch Rühren wurde die Luft entfernt) und Kristalleis (destilliertes Wasser). In den zwanziger Jahren verdrängte das Kunsteis das Natureis in Berlin vollständig.

Für die Volksernährung überaus wichtig war die Kühlung von Schlachthöfen, Kühl- und Markthallen. Für den Schlachthof Berlin lieferte Borsig im Jahre 1900 vier Maschinen zur Kühlung und zur Kristalleisfabrikation. Die gesamte Anlage produzierte täglich eine Menge von rund 200 000 kg Natureis. Der Ausbau der Kühlanlage für den städtischen Schlachthof, der 1914 wegen des Ersten Weltkriegs zurückgestellt wurde, erfolgte 1925 ebenfalls durch Borsig. Das Beispiel großer amerikanischer Exportschlächtereien vor Augen, richtete man auch in Deutschland Kühl- und Gefrierhallen ein. Für heutige Verhältnisse (-18 bis $-20°C$) lagen die damaligen Temperaturen nicht sehr niedrig: -8 bis $-10°C$. Großstadttypisch dürfte der Gefrierfleischverbrauch in Berlin gewesen sein: 1928 verzehrte ein Berliner 4,5 kg Gefrierfleisch, 9 kg frisches Rindfleisch und 30 kg frisches Schweinefleisch (insgesamt 80,1 kg Fleisch und Fleischwaren). Kühlanlagen auf den Fleischtransportschiffen aus Nord- und Südamerika ermöglichten die Einfuhr von Fleisch, auf den Fischereischiffen den Fang auf hoher See. Das Militär erkannte die Vorteile für die Sicherstellung der Lebensmittelversorgung in Krisenzeiten und bestellte Kältemaschinen für die Grenzfestungen. Auf den Kriegsschiffen wurden nicht nur die Provianträume gekühlt, sondern mit Kohlensäuremaschinen auch die Munitionskammern. Über einer Temperatur von 30°C zersetzten sich die damals üblichen Nitropulversorten.

In der Industrie bestand ebenfalls ein großer Bedarf an Kältemaschinen. Unentbehrlich war in den Schokoladenfabriken die Kühlung der in Formen gegossenen Schokolade. So belieferte Borsig eine Schokoladenfirma in Moskau. Nebenbei sei nur erwähnt, daß die großen Exporte nach Rußland zur Gründung einer russischen Borsig-Gesellschaft in St. Petersburg (Leningrad) führten. Um die Liste der Anwendungsmöglichkeiten abzukürzen, sollen nur generell einige Fabriken angeführt werden: Paraffin- und Stearinfabriken, Pflanzenbutter- bzw. Margarinefabriken, Sprengstoffabriken, Gummi- und Kabelfabriken, Gelatine- und Leimfabriken, Kunstseidefabriken und Fabriken für photographische Platten und Papiere. Zahlreich waren Kältemaschinen auch in der chemischen Industrie vertreten zum Verflüssigen von Gasen, zum Destillieren und Rektifizieren.

Krankenhäuser und Sanatorien kühlten ihre Lebensmittel und regulierten Lufttemperatur und -feuchtigkeit. Kältemaschinen in den Leichenschauhäusern dienten der Aufbewahrung von nicht identifizierten Leichen über Wochen und Monate bei Temperaturen bis zu $-20°C$.

Von Vorteil war auch die Kühlung von Vergnügungsstätten wie Konzertsälen, Restaurants und Cafés. Das neue Stadttheater in Rio de Janeiro, Brasilien, erhielt eine Kühlmaschinenanlage für den Zuschauerraum, die Bühne und das Theaterrestaurant.

Ohne Kältemaschinen wären keine künstlichen Eisbahnen unabhängig von der Jahreszeit möglich gewesen. In Charlottenburg bei Berlin wurde am 1. September 1908 eine mit Borsigschen Maschinen ausgerüstete Eisbahn dem Betrieb übergeben. Die erste künstliche Eisbahn Deutschlands wurde in Frankfurt a. M. bereits 1881 während einer Ausstellung errichtet. Die ovale Eisfläche des ersten großen deutschen Eispalastes in der Lutherstraße maß 60 × 34 Meter, untergebracht in einer 18 Meter hohen Halle mit einer 5 Meter breiten Galerie im 1. Stock. Unter der Eisbahn lag ein, zum ersten Male autogen geschweißtes Röhrensystem von 2000 m Gesamtlänge. Die Borsigsche Maschinenanlage arbeitete nach dem Schwefligsäure-System, das die Sole für die Röhren auf $-10°C$ abkühlte. Für sportliche und gesellschaftliche Ereignisse war damit ein entsprechender Rahmen geschaffen. Der große Erfolg des Eispalastes blieb nicht ohne Nachahmer, und es entstanden Eisflächen im Sportpalast und im Admiralspalast. Im eisarmen Winter 1924/25 waren diese Stätten aber schon – wie seit einigen Jahren – geschlossen, und die Berliner Eislaufgemeinde war ohne geeignetes Trainingsfeld. So wurde im Berliner Sportpalast

Kristalleisfabrik Ost-Eiswerke, Rixdorf.
Die Eisstangen wurden an Haushalte und Gaststätten für die Eisschränke geliefert. Die beste Eisart war Kristalleis aus destilliertem Wasser.

Blick in den Kompressorraum einer Eisfabrik in Gelsenkirchen.
An der Wand: „Gepresst von unseres Gases Kraft, das Ammoniak die Kälte schafft. Die Sole trägt sie fort im Kreis."

Vorkühlraum für Schweine im Städtischen Schlachthof Berlin, nach 1900.

erneut eine Eisbahn mit 78 m Länge und 32 m Breite eingerichtet. Borsig wählte für die Anlage die leistungsfähigeren Ammoniakmaschinen.

Neben den Großkältemaschinen baute Borsig auch kleine Anlagen, die in den Schlachtereien, Bäckereien, Molkereien usw. Verwendung fanden. Größeren Bäckereien wurde im Katalog geraten, Kühlmaschinen anzuschaffen, um das Gehen des Teiges in der Nacht zu verhindern: Durch die Einführung des Achtstundentages nach dem Ersten Weltkrieg und das Verbot der Nachtarbeit konnte so der am Abend hergestellte Brotteig am darauffolgenden Morgen verbacken werden.

Erst die Verkleinerung der Anlage in Kombination mit dem Elektromotor als Antrieb ermöglichte den Einsatz der Kältemaschinen im Haushalt. Doch neben einer Steckdose benötigte man bei der Ammoniakkältemaschine immer noch Kühlwasser, also einen Anschluß an die Wasserleitung. Auf Wunsch konnte der Kühlschrank durch eine Einrichtung ergänzt werden, die durch Ein- und Ausschalten des Motors die Temperatur konstant hielt. Der kleinste Kühlschrank von Borsig Mitte der zwanziger Jahre hatte bei einem nutzbaren Rauminhalt von 360 Liter eine Höhe von 2,5 Meter und eine Breite von 1,35 Meter. Allein durch diese Ausmaße, ganz zu schweigen vom Strom- und Wasserverbrauch, kam ein solcher Kühlschrank nur für herrschaftliche Haushalte oder für Geschäftsleute in Frage.

Bis zum Ersten Weltkrieg hatte sich der Bereich Kältemaschinenbau bei Borsig kräftig entwickelt, doch hemmten die Kriegs- und anschließende Inflationszeit den Absatz und die technische Weiterentwicklung sehr stark. Um vor allem mit der amerikanischen Kältemaschinenindustrie konkurrieren zu können, schlossen sich 1929 drei bedeutende deutsche Kältemaschinenfabriken unter der Firma »Vereinigte Deutsche Kältemaschinenfabriken GmbH., Borsig-Germania-Humboldt« (VDK) zusammen mit Hauptsitz und Hauptfertigung in Tegel. Die Wirtschaftskrise zu Beginn der dreißiger Jahre und die Zahlungsunfähigkeit Borsigs im Dezember 1931 führten bereits 1932 zur Liquidation der Firma.

Die Kältemaschinenfabrikation blieb bei Borsig erhalten. In den Folgejahren wandte man sich verstärkt dem seit 1928 durchgeführten Bau von Absorptionskälteanlagen zu, nachdem ein entsprechendes Patent eines früheren Mitarbeiters übernommen und ausgeführt worden war.

Ohne näher auf die Wirkungsweise einzugehen, sei nur erwähnt, daß hierbei an Stelle der mechanischen Arbeit Abwärme genutzt werden konnte und tiefere Temperaturen erreicht wurden. In den Jahren nach 1933 entwickelte sich der Kältemaschinenbau bei Borsig bzw. Rheinmetall-Borsig kontinuierlich aufwärts, ebenso stieg der Export in alle Welt.

Eisfläche im Berliner Eispalast 1908.

Großer Borsig-Kühlschrank mit maschineller Kühlung, Modell CD, um 1925.
Nutzbarer Rauminhalt ca. 1,5 m³, Höhe 2,6 m, Breite 2,3 m.

DAMPFPFLÜGE UND SCHLEPPER

Im Jahr 1894 erschien der erste Katalog »Dampf- und elektrische Pflüge« der Firma Borsig, die sich deshalb als die zweitälteste Dampfpflugfabrik Deutschlands bezeichnete.

Borsig begann in Moabit mit Versuchen nach dem System Brutschke. Bei diesem Einmaschinensystem stand eine Dampflokomobile auf der einen Seite des Feldes, auf der anderen ein sogenannter Ankerwagen. Das Drahtseil, an dem ein in beiden Richtungen verwendbarer Kippflug befestigt war, ging von der Lokomobile zum Ankerwagen und zurück, und durch Umsteuern der Dampfmaschine konnte der Pflug hin- und hergezogen werden. Zur gleichen Zeit baute Borsig elektrische Pflüge von 40 bis 50 PS Leistung. Obwohl sie einfacher zu bedienen waren, fanden sie nur dort Verwendung, wo Strom zur Verfügung stand. Und das war auf dem flachen Lande um 1900 sehr selten. Das von Borsig angeführte Rechenbeispiel für eine Zuckerfabrik, die für ihre Produktion Strom erzeugte und ihn über Telegraphenstangen auf das Feld leitete, war wohl eher für Großgrundbesitzer gedacht. Allein der Anschaffungspreis für einen solchen Pflug belief sich damals auf 11 000 Mark, so daß solche Pflüge nur auf großen Gütern oder für die Urbarmachung in Frage kamen. Im Vergleich zum Gespannpflug besaß der Dampf- und Motorpflug nach dem Zweimaschinensystem (auf beiden Seiten des Feldes eine Lokomobile) den Vorteil des Tiefpflügens, da er weit höhere Zugkräfte aufwies. In der Kraftpflugtechnik unterschied man zwischen den oben geschilderten Seilpflügen und den Gangpflügen. Beim Gangpflug waren, vergleichbar mit einem Schlepper, Zugmaschine und Pflug direkt verbunden, und beide fuhren über das zu pflügende Feld hin und her.

In Tegel gab es zunächst keinen eigenen technischen Bereich für den Pflugbau. Die Entscheidung

für die Aufnahme von Zweimaschinen-Dampfpflügen und Ackergeräten in das Fertigungsprogramm wurde endgültig 1918/19 getroffen, als die Patente der Landmaschinenfirma Ventzki in Graudenz (Grudziadz) an Borsig übergingen. Nachdem Graudenz 1920 polnisch geworden war, gab die Firma Ventzki, für die Borsig seit 1912 Dampfkessel geliefert hatte, den Dampfpflugbau auf.

Die großen Motor- und Heißdampfpfluglokomotiven von Borsig erbrachten eine Leistung zwischen 40 und 200 PS und waren damit für mittlere und kleinere Landwirtschaften nicht geeignet. In den Vereinigten Staaten war die Mechanisierung der Landwirtschaft schon viel weiter fortgeschritten. Um 1905 tauchten dort die ersten Traktoren mit Benzinmotoren auf. Nach dem Ersten Weltkrieg, als sich die amerikanische Industrie anschickte, Traktoren zu exportieren, entschloß man sich 1924 bei Borsig, eine eigene Entwicklung auf den Markt zu bringen: den Borsig-Motorschlepper. Der Dreiradschlepper mit vorn liegenden Antriebsrädern wurde wie ein Pferd mit Zügeln gelenkt, sicher auch, um dem Landwirt die Umstellung zu erleichtern. Dieser Universalschlepper eignete sich nicht nur für die Bodenbearbeitung, sondern auch zum Transport von Anhängern und zum Antrieb von landwirtschaftlichen Maschinen. Die Leistung lag je nach Brennstoff (Gasöl und Benzin bzw. Benzol) zwischen 21 und 25 PS, die Geschwindigkeit unter 7 km/h.

Zwischen 1925 und 1927 entwickelte Borsig nach Patenten und im Auftrag eines Holländers eine Zuckerrohrerntemaschine, bei der die Wurzeln des Zuckerrohrs mitentfernt wurden. Im Juni 1926 wurde die Maschine nach Java ausgeliefert, doch blieben die Zahlungen aus und das Ganze endete mit einem finanziellen Mißerfolg.

In den ersten Nachkriegsjahren expandierte der Bereich »Kraftpflüge« (einschließlich landwirtschaftlicher Maschinen) trotz Inflation enorm: Die Jahresproduktion stieg von rund 200 Tonnen 1919/20 auf über 1200 Tonnen 1924 und erreichte damit 7,7% der Gesamtproduktion des Tegeler Werkes. Allerdings fiel bis 1926 die Produktion auf etwa 300 Tonnen zurück. Im November 1928 trat Borsig die gesamte Fabrikation und den Verkauf infolge stark nachlassender Konjunktur an die Konkurrenzfirma Kemna in Breslau ab.

Borsigsche Heißdampfpfluglokomotive.

Zu vorhergehendem Bild auf S. 177: Motorseilpflug M.S.10.

Der Borsig-Schlepper mit Lenkzügel am Potsdamer Platz in Berlin.

So leicht ist für Werbeleute der Borsig-Schlepper zu bedienen!

Der Borsig-Schlepper beim Pflügen.

Mähdrescher im Schlepp.

Seil-Motorpfluglokomotive mit Kippflug, der über das Feld hin- und hergezogen wird.

Heißdampfpfluglokomotiven im Werk Tegel, zum Abtransport bereit.

Probierstand für Dampfpflüge.
Die Belastung erfolgt durch einen Generator (rechts).

Da staunten die Berliner. Eine Zuckerrohrerntemaschine im märkischen Sand 1926.

Da die Maschine wirtschaftlich alles andere als ein Erfolg wurde, blieb es bei einer Maschine nach dem Patent eines Holländers.

Hochdruckbehälter (Absorptionsturm) für 25 atü Betriebsdruck, 1913.

CHEMISCHE ANLAGEN

Schon lange vor dem Umzug nach Tegel lieferte die Firma Borsig an die chemische Industrie und an die Nahrungsmittelindustrie Maschinen verschiedenster Art. Zu den Dampfmaschinen, Kesseln und Rohrleitungen kamen später Kältemaschinen, Zentrifugalpumpen, für hohe Drücke geeignete und feuer- oder säurebeständige Behälter, Rührwerke, Imprägnier- und Vulkanisierkessel hinzu. Zu Beginn des Jahres 1912 richtete Borsig die Abteilung »Chemische Industrie« ein, die sich außerordentlich rasch entwickelte. Kennzeichnend war dabei die enge Zusammenarbeit mit anderen Unternehmen, für die Borsig entweder ganze Anlagen oder wesentliche Teile baute und werkstatttechnisch wie auch verfahrenstechnisch weiterentwickelte. Die Schwerpunkte lagen im Bereich der Ammoniakherstellung, Öl- und Fettgewinnung, der Holzimprägnierung und Kabeltränkung, der Veredelung von Mineralölprodukten und der Holzverzuckerung.

Bei einigen chemischen Produkten konnte man bereits auf Erfahrungen bei der Gewinnung im Borsigwerk in Oberschlesien zurückgreifen. In der dortigen Kokerei fielen bei der Kokserzeugung Teer, Ammoniak, Benzol und Naphtalin an, die im Rohgas enthalten waren.

An Ammoniakverbindungen bestand ein großer Bedarf in der Landwirtschaft als Grundlage für die Düngerherstellung, aber auch in der Sprengstoffindustrie. Dieselben Stoffe gewann man im 19. Jahrhundert aus einer anderen Stickstoffverbindung, nämlich aus Salpeter. Um jedoch die Abhängigkeit vom importierten und teuren Salpeter (z. B. Chilesalpeter) zu verringern, bemühten sich die Chemiker seit der Jahrhundertwende intensiv um neue Herstellungsverfahren. Kurz vor dem Ersten Weltkrieg, in dem gleich zu Beginn der Mangel an Salpeter für Sprengstoff spürbar wurde, existierten bereits einige Verfahren, den Luftstickstoff chemisch zu binden. Bei dem nach A. R. Frank und N. Caro benannten Verfahren erhielt Borsig sogar das alleinige Lieferungsrecht auf Apparate zur Gewinnung von Kalkstickstoff und Ammoniak. Die wichtigsten Rohmaterialien waren dabei gebrannter Kalk und Koks, die mit hohem Energieaufwand im elektrischen Ofen Kalziumkarbid ergaben. Dem erhitzten Kalziumkarbid wurde dann in sogenannten Azotieröfen Stickstoff zugeführt. Der so gewonnene Kalkstickstoff, der sich sehr gut als Dünger eignete, wurde in großen, 30 000 Liter fassenden Behältern mit Rührwerken einer Behandlung mit Wasserdampf ausgesetzt. Das Ergebnis waren Kalk und das gewünschte Ammoniak, das zu Ammoniaksalzen und Salpetersäure weiterverarbeitet wurde. Neben Aufträgen aus Deutschland für Werke wie z. B. Leuna und Piesteritz (westlich von Wittenberg) verkaufte Borsig Anlagen nach Frankreich, Belgien, Norwegen, Schweden, Japan, in die Tschechoslowakei, nach Österreich, Ungarn und in die Vereinigten Staaten.

Für das zweite sehr bekannte Verfahren, die von F. Haber und C. Bosch entwickelte Ammoniaksynthese, stellte Borsig erst ab 1930 vereinzelt Apparate her. Die Ammoniaksynthese, bei der Stickstoff und Wasserstoff mit Hilfe eines Katalysators und unter hohem Druck und Temperatur in Autoklaven (Hochdruckbehältern) vereinigt wurden, löste das Stickstoffproblem zufriedenstellend.

Seit 1908 betätigte sich Borsig auf dem Gebiet der Mineralölraffination nach dem Verfahren des Rumänen L. Edeleanu. Um aus dem rumänischen Rohöl ein brauchbares Öl für Beleuchtungszwecke herzustellen, mußte man mit Hilfe von Schwefeldioxid in wässriger Lösung bestimmte Kohlenwasserstoffe entfernen. Borsig besaß Erfahrung in der Herstellung und Verwendung von Schwefeldio-

Versuchsraum der Abt. 12 Chemische Anlagen im Werk Tegel,
um 1925. Versuche für Ölextraktion, -raffination und Härtung.

xid, da es in frühen Borsigschen Kältemaschinen
als Kälteerzeugungsmittel eingesetzt wurde. Bis
1928 wurden 28 Großanlagen von Borsig ausgerüstet in Zusammenarbeit mit der »Allgemeinen Gesellschaft für chemische Industrie«, an der Borsig
beteiligt war.

In der Zeit nach dem Ersten Weltkrieg nahm die
Einfuhr von Ölen und Ölfrüchten aus Übersee zu,
die in den See- und Binnenhäfen zu Margarine und
Pflanzenbutter weiterverarbeitet wurden. Der
Firma Borsig gelang es, die Apparaturen für das
Extraktionsverfahren so auszubilden, daß es dem
herkömmlichen mechanischen Preßverfahren
wirtschaftlich überlegen war. Beim Extraktionsverfahren wurde das Öl mit einem geeigneten Lö-
sungsmittel aus den zerkleinerten Ölfrüchten aus-
gelaugt. In Zusammenarbeit mit der Kolonialma-
schinenfabrik Haacke in Berlin schuf Borsig Anlagen für die Palmölgewinnung in Afrika. Die breit-
gefächerte Produktionspalette Borsigs war dabei
von Vorteil. Als Ende 1925 ein Richtmeister (Mon-
teur) von Berlin nach Kamerun reiste, wurde nicht
nur per Schiff die eigentliche Extraktionsanlage
zur Palmölgewinnung geliefert, sondern auch der
Dampfkessel, die Dampfmaschine, die Eis- und
Kältemaschinen, Kompressoren und Pumpen sowie die Eisenkonstruktion der Gebäude stammten
von Borsig.

Ab etwa 1925 nahm Borsig den Bau von Anlagen
zur Herstellung und Verwendung von Kieselgel
(Silica-Gel) auf. Als Adsorptionsmittel für Gase,
Dämpfe und Flüssigkeiten und für katalytische

Zwecke fand es vielseitige Verwendung in der chemischen Industrie, in der Kunstseidefabrikation,
in der Kabel- und Gummiindustrie, in der Ölindu-
strie, bei der Herstellung von Schwefelsäure nach
dem Kontaktverfahren, zur Lufttrocknung in der
Kälteindustrie und in der Pharmazie.

Absatzmöglichkeiten für Hochdruckbehälter
bestanden auch bei der Konservierung des Holzes.
Grubenholz, Telegraphenmasten und Eisenbahn-
schwellen wurden unter Druck mit Teeröl und
Salzlösungen in Kesseln bis zu 30 m Länge imprä-
gniert. Ende der zwanziger Jahre und verstärkt
Mitte der dreißiger Jahre wandte man Verfahren
der Holzverzuckerung an, um die Einfuhr von Fut-
termitteln zu senken. Im Zuge der Autarkiebestre-
bungen gewannen solche Verfahren besondere Bedeutung. Aus der Zellulose des Holzes lassen sich
über das Zwischenprodukt Zucker Alkohol (als
Streckungsmittel von Motorentreibstoffen) und
Futterhefe gewinnen. In Gegenwart von stark ver-
dünnter Schwefelsäure als Katalysator verläuft die
Aufspaltung von Zellulose zu Zucker in Hochdruckbehältern bei hoher Temperatur.

Betrachtet man die Vielfalt der Produktion von
Anlagen und Maschinen für die chemische Industrie, so drängt sich die Frage auf, woher die
Borsigschen Maschinenbauer die nötigen Spezial-
kenntnisse hatten. Durch Lieferungen von Ver-
suchsanlagen oder durch den Bau kleiner Anlagen
in Tegel und durch ständigen Meinungsaustausch
zwischen dem Industriechemiker als Verbraucher
und dem Ingenieur als Konstrukteur erwarb man
sich über Jahre hinweg bei Borsig die physikali-
schen und chemischen Kenntnisse. Um nun Ge-
samtanlagen für bestimmte chemische Verfahren
zu bauen, konnte man als Maschinenfabrik entweder ein chemisches Verfahren erwerben und durch
eigene Chemiker weiterentwickeln oder sich durch
ein Abkommen das alleinige Ausführungsrecht auf
ein Verfahren sichern. Ersteres war recht be-
schwerlich, erforderte große Mittel und ermöglichte große Gewinne, vorausgesetzt man hatte Erfolg. Diesen Weg ging Borsig bei den Edeleanu-An-
lagen und bei den Anlagen für pflanzliche Öle.
Häufiger griff Borsig auf bewährte Verfahren zurück und half dem Besitzer des Verfahrens durch
konstruktive Ausbildung und Verbesserung der
notwendigen Maschinen. Hinzu kam die Unterstützung durch die Filialen und Vertreter im In-
und Ausland.

Obere Bedienungsbühne der Autoklaven (Hochdruckbehälter) zur Kalkstickstoffgewinnung in Piesteritz, um 1917.

Die Größe solcher Anlagen wird bei diesem Bild deutlich: Lehrlinge in den Teilen, die für die untere Bühne der Anlage vorgesehen sind.

Abtransport eines Tränkgefäßes.

Holzimprägnierkessel von 23 m Länge und 2 m Druchmesser und für einen Betriebsdruck von 10 atü, 1913.

ENTSTÄUBUNGSANLAGEN

Staub und Schmutz sind nicht nur Feinde im Haushalt, sondern bilden auch eine Gefahr am Arbeitsplatz. Die übliche mechanische Entstaubung durch Bürsten, Fegen, Klopfen und Wischen wirbelt oft nur den Staub auf, entfernt ihn aber nicht vollständig. Die ersten Staubsauger in Form von Teppichkehrmaschinen mit einem rotierenden Gebläse tauchten nach 1860 in den USA auf. Um die Jahrhundertwende arbeiteten die Staubsaugeanlagen entweder mit Vakuum (Saugluft) oder Preßluft (Druckluft). Da Borsig Pumpen und Kompressoren für die verschiedensten Zwecke baute, bot sich deren Verwendung für Entstäubungsanlagen geradezu an.

Im Jahre 1906 gründete die Firma eine entsprechende Abteilung. Als Antrieb der Entstäubungsanlagen dienten Dampfmaschinen, Elektromotoren, Benzin- und Gasmotoren, so daß diese Anlagen die Größe eines Zimmers erreichten. Entweder als mobile Anlage auf einen Wagen montiert oder als feste Anlage im Keller des Hauses installiert, wurden solche Entstäubungsanlagen für Villen und herrschaftliche Wohnhäuser, Hotels, Waren- und Geschäftshäuser, Schauspielhäuser, aber auch für Fabrikräume, für Eisenbahn- und Postbetriebe geliefert. Die hohen Kosten für den Kauf und für die Unterhaltung der Anlagen engten trotz der dadurch möglichen Personaleinsparung die Verbreitung stark ein, und die Entstäubungsanlagen galten als ein Luxus, bis sie allmählich nach dem Ersten Weltkrieg durch den Staubsauger ersetzt wurden.

Borsig stellte zunächst Preßluftentstäubungsanlagen her, später dann Vakuumanlagen. Für die

Saugluftanlage war ein Rohrnetz mit mehreren Anschlußstellen fest im Haus eingebaut bzw. man führte eine Rohrleitung von der mobilen Anlage einfach durchs Fenster. Wegen des Unterdrucks waren die Rohre nur schwer dicht zu halten und stets bestand durch den angesaugten Schmutz die Gefahr der Verstopfung der langen Zuleitungen. Zwei dieser Anlagen lieferte Borsig für das Reichstagsgebäude in Berlin. Die beiden Kolben-Luftvakuumpumpen mit einer Leistung von je 1000 m^3 Luft pro Stunde saugten den Staub über ein Rohrnetz von rund 700 m an. An die 25 Wandanschlüsse konnten weitere Schläuche von bis zu 40 m Länge gekuppelt und bis zu 16 Entstaubungsapparate gleichzeitig benutzt werden.

Die genannten Nachteile vermied die Preßluftentstäubungsanlage, deren Druckluftleitungen in beliebiger Länge ausgeführt werden konnten. Der abgesaugte Staub kam dabei überhaupt nicht mit dem Kompressor in Berührung. Das bei Borsig verwendete Preßluftsystem, das im Jahre 1903/04 die Offenbacher Druckluftanlage GmbH zum Patent angemeldet hatte, vereinigte zudem die Saug- und Blaswirkung und war dem Vakuumsystem überlegen. Druckluft, die aus feinen Düsen austrat, wirbelte den Staub an der Saugöffnung auf. Gleichzeitig wurde ein Teil der Druckluft so umgeleitet, daß im vorderen Teil des Reinigungsapparates, also an der Öffnung, ein Unterdruck entstand. Der auf diese Weise abgesaugte Staub gelangte dann durch eine Rohrleitung mit großem Durchmesser in das mitgeführte Filter.

Die Handhabung wurde in den Prospekten als

Werbung für die Entstäubungsanlagen. Rechts das alte Plakat, links die neue Handhaltung.

sehr einfach gepriesen: »Jedes Dienstmädchen
kann die Apparate führen.« Vorausgesetzt allerdings, der Antrieb bestand aus einem Elektromotor und man blieb auf demselben Stockwerk, denn
so leicht waren die beweglichen Teile nicht zu
transportieren.

Zum Reinigen der Wände, Fußböden, Schränke,
Regale, Bücher, Vorhänge, Maschinenteile und
verschiedenem mehr genügte die Saugwirkung.
Für Teppiche, Polstermöbel, Matten und ähnliches
empfahl man die Kombination von Saug- und Blaswirkung. Unzugänglichen Stellen oder starkem
Schmutz wurde mit dem Blasapparat allein zu
Leibe gerückt: »Die Säuberung der Eisenbahn-
wagen III. und IV. Klasse erfolgt am gründlichsten
und schnellsten, wenn auf beiden Seiten die Türen
geöffnet und von der Windseite aus mit dem Spar-
bläser die Wagen ausgeblasen werden.«

Bis 1924 wurden über 2100 solcher Entstäubungsanlagen gebaut, doch war der Verkauf, vor
allem für Einfamilienhäuser, eher rückläufig. So
entschloß man sich bei Borsig, den Bau von trans-
portablen Staubsaugern aufzunehmen, »um solchen Hausbesitzern und zahlreichen Mietern von
größeren Wohnungen in Häusern, so Vakuum-An-
lagen nicht vorhanden sind, auch die Bequemlich-
keit und die hygienischen Vorteile (...) zugänglich
zu machen«. Mit dem »Borsig-Saugling« betrat
Borsig nicht technisches Neuland. Neben zahlreichen, oft von amerikanischen Erfindern angemel-
deten Patenten sei nur das Patent des Berliners
G. Oscar Lehmann (später Prokurist bei Borsig,
Abt. Entstäubung) aus dem Jahre 1921 erwähnt.
Darin wurde ein dem Borsig-Saugling ähnlicher,
tragbarer elektrischer Staubsauger beschrieben,
der Motor, Turbine und Staubsack in einem sich
zuckerhutförmig verjüngenden Gehäuse mit
Handgriff vereinigte. Ein Jahr später begann die
Produktion des Sauglings in Tegel. Im November
1924 ließ sich Borsig eine Verbesserung für den
Staubsauger patentieren, bei der vergleichbar mit
dem Aufbau einer Turbine der Elektromotor zwei
Turbinenräder und eine dazwischenliegende Leit-
scheibe trug. Infolge der Einfachheit seiner Konstruktion sollte sich der beschriebene Maschinen-
satz besonders für die Massenfertigung eignen,
billig und leicht sein.

Preßluftentstäubung für Automobile (oben) und bei der
Eisenbahn (unten).

Der Saugling im Einsatz in den Räumen des Zentralbüros in der Chausseestraße, Mitte der zwanziger Jahre.

In den ersten Jahren nach 1923 war die Auftragslage für den Saugling gut, in den Berichten über die Geschäftslage fand er mehrfach Erwähnung. In der Werkszeitung wurde er den Angehörigen als der »beste aller bekannten Staubsauger« angepriesen. Ernsthafte Interessenten konnten den Borsig-Staubsauger für acht Tage zur Probe erhalten. Der Preis lag 1924 bei 140 Mark, für einen Borsigarbeiter mit einem Stundenlohn von etwa 70 Pfennigen sowieso unerschwinglich. Zudem waren damals nur 25% der Berliner Haushalte mit Strom versorgt zu einem Preis von 16 Pfennigen pro Kilowattstunde (ohne Grundgebühr).

Der Universalmotor hatte eine Leistung von 180 Watt und konnte, gleichgültig ob Gleich- oder Wechselstrom, an jede Steckdose oder Glühlampenfassung angeschlossen werden. Durch das geringe Gewicht von 3,8 kg ermöglichte der Saugling »selbst der schwächsten Frau Arbeit zu leisten, die sonst die Kraft eines Mannes erfordert hatte«. Die Überlegenheit des Sauglings stellte Borsig 1925 in einem fünfminütigen Propagandafilm dar. Der Film mit dem Titel »Hausfriedensbruch, eine saubere Geschichte« zeigte den Saugling, wie er, angelockt durch dicke Staubwolken, in das Zimmer eindringt und Besen und Staubwedel verjagt.

Zusammenbau des Sauglings im Fließbandverfahren (gestellte Aufnahme für den Fotografen).

Der Saugling-Film.

„Hausfriedensbruch, eine saubere Geschichte".

1 Groß-Reinemachen ist angesetzt.

2. Der Besen übernimmt das Kommando, und die Reinigungswerkzeuge begeben sich an den Schauplatz ihrer Taten.

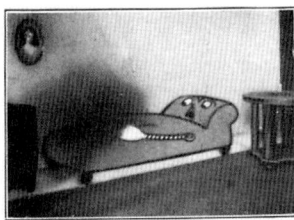

3. Der Ausklopfer mißhandelt das stöhnende Ruhebett und verschwindet beinahe in einer Staubwolke.

4. Ami kriegt keine Luft mehr und flüchtet.

5. Der Lärm und die riesige Staubwolke, die aus dem Fenster dringt, locken den Schutzmann (Saugling) herbei.

6. Der Saugling springt durchs Fenster; auf sein Geheiß schaltet der Stecker den Strom ein.

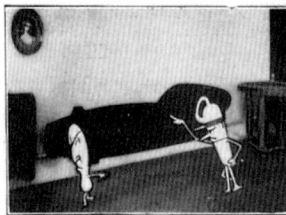

7. Der Saugling wirft die Reinigungswerkzeuge hinaus.

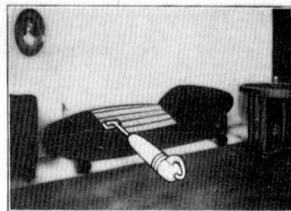

8. Der Saugling macht sich an das Reinigungsgeschäft; die durch den Staub völlig unkenntlich gewordenen Muster des Ruhebetts treten wieder hervor.

9. Das durch sanftes Überstreichen gereinigte Kissen drückt sein Wohlgefallen aus.

10. Die Hausfrau erscheint und der Saugling stellt sich ihr vor.

11. Die Hausfrau versucht das Reinigen mit dem Saugling selbst und verwandelt sich dabei in die Schutzmarke.

12. Die Schutzmarke.

Unser elektrischer Staubsauger „Saugling" ermöglicht selbst der schwächsten Frau Arbeit zu leisten, die sonst die Kraft eines Mannes erfordert hatte. Die einzige, wirklich hygienische Entstaubung ermöglicht dieser handliche und zuverlässige Apparat, der in unserem Tegeler Werk hergestellt wird.

Aus: Borsig-Zeitung 2 (1925).

LAGEPLÄNE UND DIAGRAMME

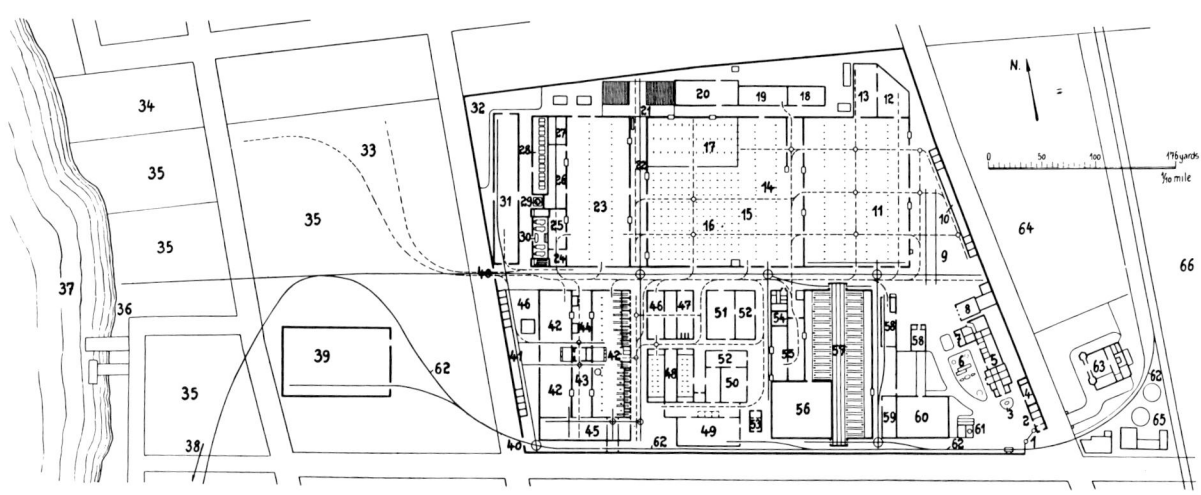

A. BORSIG · BERLIN-TEGEL

ZAHLENERKLÄRUNG ZUM WERKSPLAN.

1. Haupteingangstor
2. Markenkontrolle
3. Denkmal August Borsigs
4. Lohnbureau
5. Verwaltungsgebäude
6. Balancierdampfmaschine (Denkmal)
7. Verkaufsstelle von Lebensmitteln an Angestellte
8. Garage und Stallungen
9. Blechlager
10. Lagerschuppen f. Niete, Flansche usw
11. Lokomotivrahmenbau und Kesselschmiede
12. Rohrbiegerei
13. Großschweißerei
14. Großmaschinenmontage
15. Großdreherei
16. Mechanische Werkstatt
17. Lokomotiv-Teilschlosserei
18. Schraubendreherei
19. Lehrlingswerkstatt für Schlosser und Dreher
20. Versuchsstation
21. Stabeisenlager

22. Lager für Stahlguß und Brammen
23. Hammerschmiede
24. Brikettierungsstelle
25. Preßluftzentrale
26. Lehrlingswerkstatt für Former
27. Lehrlingswerkstatt für Tischler
28. Kesselhaus
29. Schornstein
30. Kraftzentrale
31. Kleinschmiede
32. Halden und Kokslager
33. Kohlen- und Koksvorrat
34. Privatbesitz des Herrn Geheimrat Conrad von Borsig
35. Unbebautes Gelände
36. Umschlagplatz
37. Tegeler See
38. Geleise
39. Modellager
40. Nebenausgänge
41. Koksschuppen
42. Alte und neue Gießerei
43. Stahlgießerei
44. Gattierungsstelle

45. Modellausgabe
46. Gußputzerei
47. Gelbgießerei
48. Vorratshaus für Kleinmaschinen
49. Kupferschmiede
50. Kleinmaschinenbau
51. Tischlerei
52. Werkzeugmacherei und Reparaturwerkstatt
53. Lehrlingsschule
54. Betriebsgebäude
55. Zentralmagazin
56. Lackiererei
57. Lokomotivmontage
58. Expedition
59. Sattlerei
60. Vorratshaus für Lokomotiven
61. Fabrikfeuerwehr
62. Probestrecke für Lokomotiven und Anschlußgleis
63. Kasino der Beamten und Arbeiter
64. Borsig-Park mit Spielplätzen
65. Gasanstalt von Tegel
66. Staatsbahn (Strecke Berlin-Kremmen)

22

Werk Tegel 1913.

193

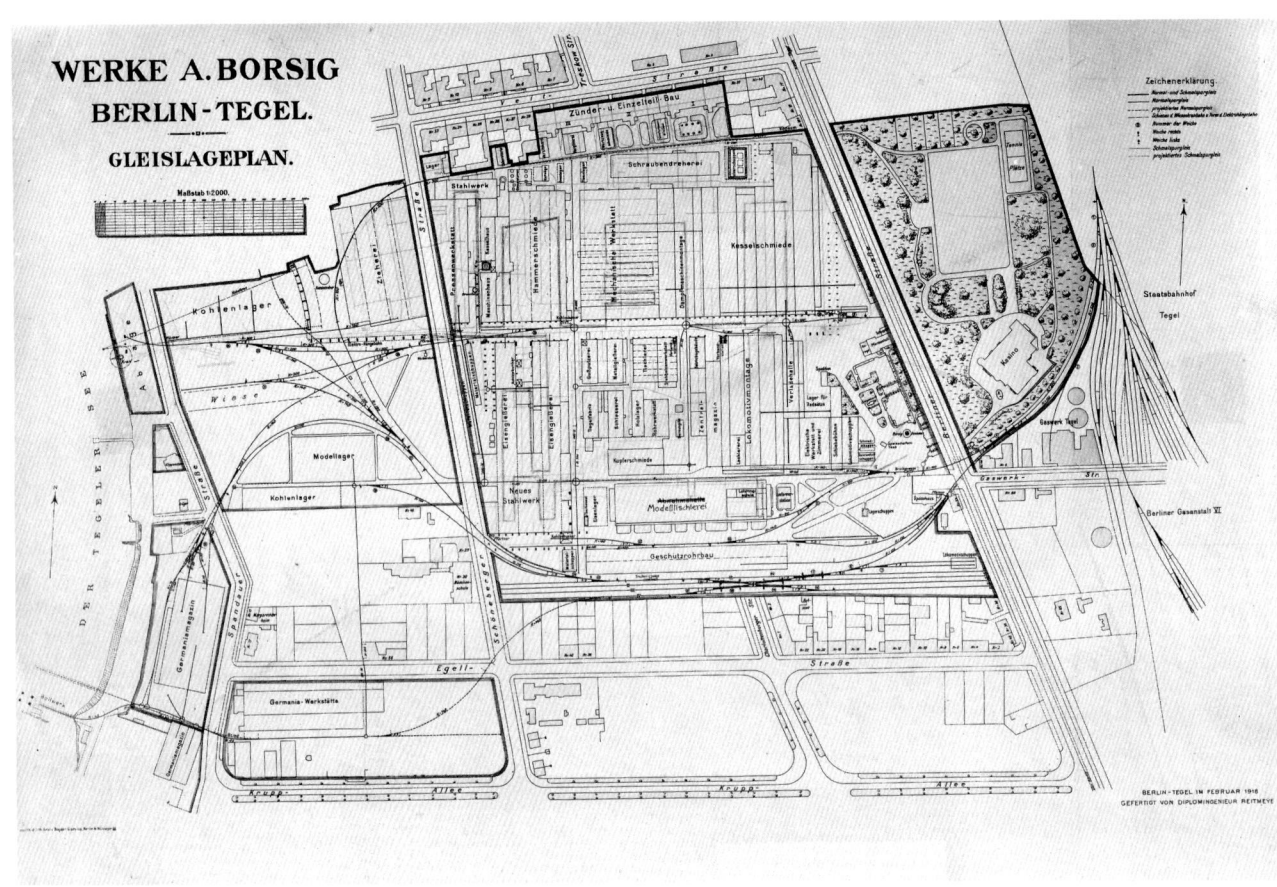

Gleisplan 1918.

LAGEPLAN DES WERKES

1. Kesselschmiede I (Lokomotiv-Kessel-schmiede)
2. Versuchsstation für „Eis und Kälte"
3. Lehrlingswerkstätten
4. Einzelteilbau (Ehemaliger)
5. Schraubendreherei
6. Allgemeiner Maschinenbau u. Maschinenprüfstände
7. Montage f. Dampf-maschinen, Groß-kompressoren, hy-draulische Abteilg.
8. Serien-Kompressorenbau

9. Mechanische Werkstätten
10. Hammerschmiede
11. Laboratorium
12. Neue elektrische Zentrale
13. Kesselhaus
14. Alte Zentrale (Maschinenhaus)
15. Pressenhaus I
16. Walzwerk
17. Pressenhaus II
18. Hülsenpuffer- und Flaschenzieherei
19. Winkelschmiede
20. Vergüterei
21. Pufferfabrikation
22. Lokomotivfabrik
23. Kesselschmiede II (Bau stationärer Kessel)
24. Kesselschmiede II (Großkessel und Apparate)
25. Werkschule
26. Stahlwerk, Maschinenformerei, Gießerei
27. Formkastenlager
28. Tischlerei
29. Staubsauger-„Saugling"-Bau
30. Hochhaus

31. Verkaufslager
32. Lackiererei
33. Materialprüfung
34. Magazin
35. Zylinderbau
36. Verladehalle
37. Autohalle
38. Lohnbüro und Betriebskrankenkasse
39. Werkskasino

Werk Tegel 1927.

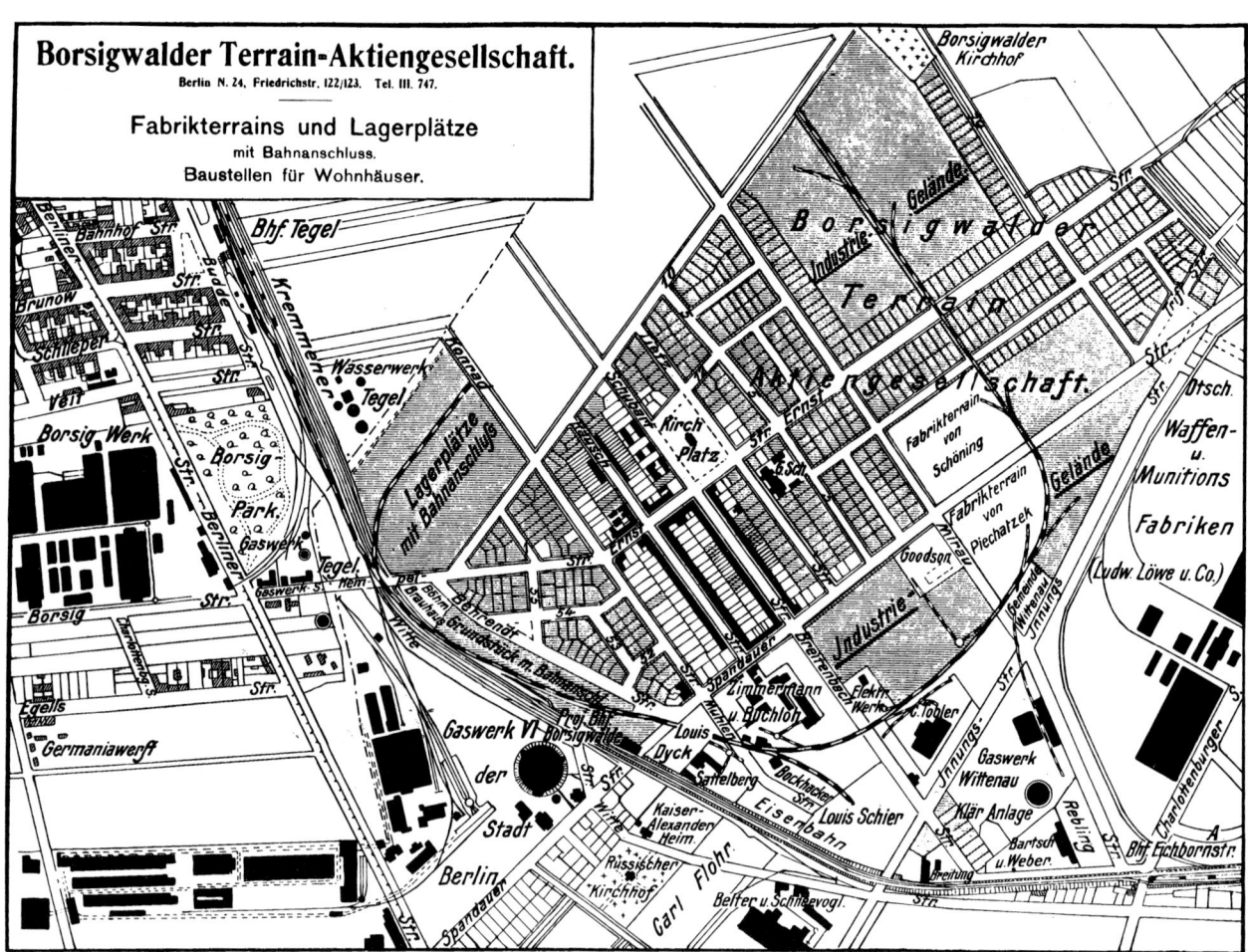

Borsigwalde 1908.

Zu den Diagrammen der folgenden Seite.
Belegschaft: Die Zahlen sind Mittelwerte.
Jahresproduktion: T. B. 5 und 6 bedeuten Lokomotivbau, Erzeugnisse des Stahlwerks sind nicht berücksichtigt.
Umsatz: Wie für die Belegschaft liegen auch hier keine Zahlen für die Zeit kurz nach dem Kriege und für die Inflationszeit vor.

BELEGSCHAFT

WERK TEGEL BORSIG

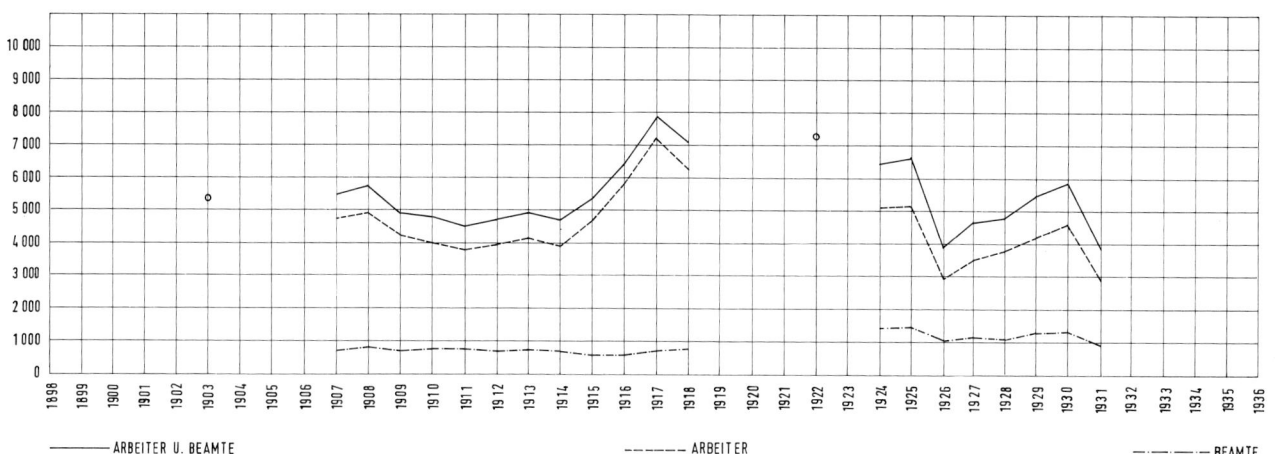

ARBEITER U. BEAMTE   ------- ARBEITER   —·— BEAMTE

JAHRESPRODUKTION DES GESAMTWERKES (OHNE KNÜPPEL)

WERK TEGEL BORSIG

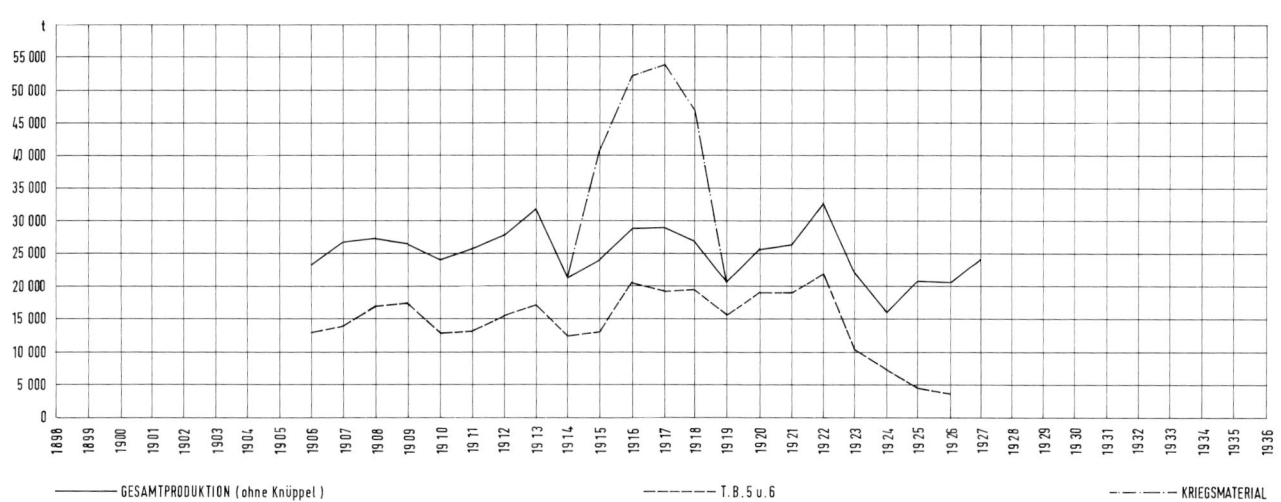

GESAMTPRODUKTION (ohne Knüppel)   ------- T.B.5 u.6   —·— KRIEGSMATERIAL

UMSATZ

WERK TEGEL BORSIG

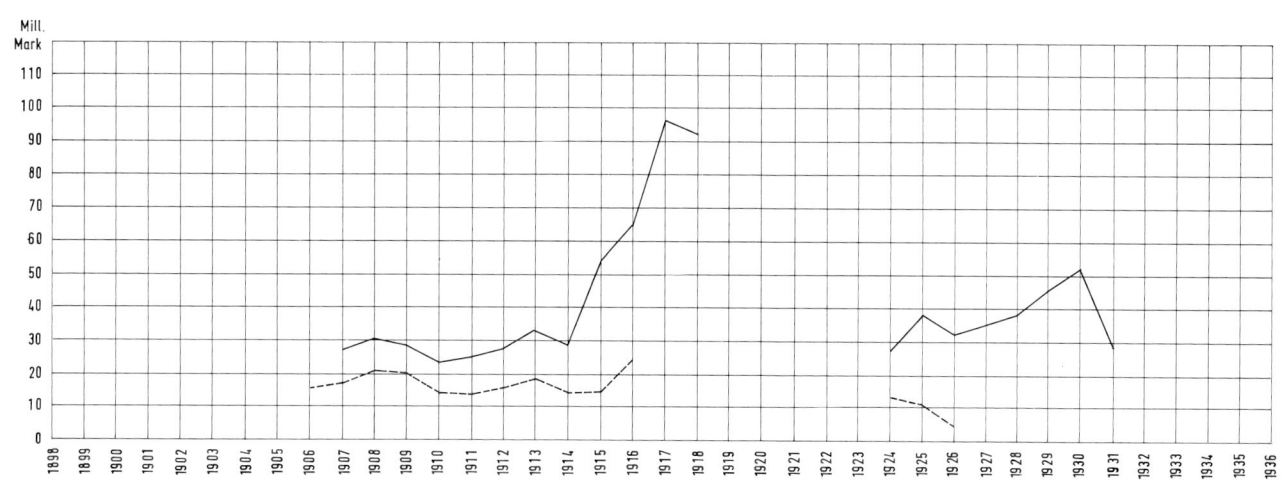

GESAMTUMSATZ IN MILL.MARK   ------- UMSATZ T.B.5 u 6

Bergbaugebiet der Borsigwerk A.G.

Maßstab 1:25000

Bergbaugebiet des Borsigwerks in Oberschlesien, 1929. Ausdehnung etwa 2,5 × 5 km.

Lageplan des Borsigwerkes

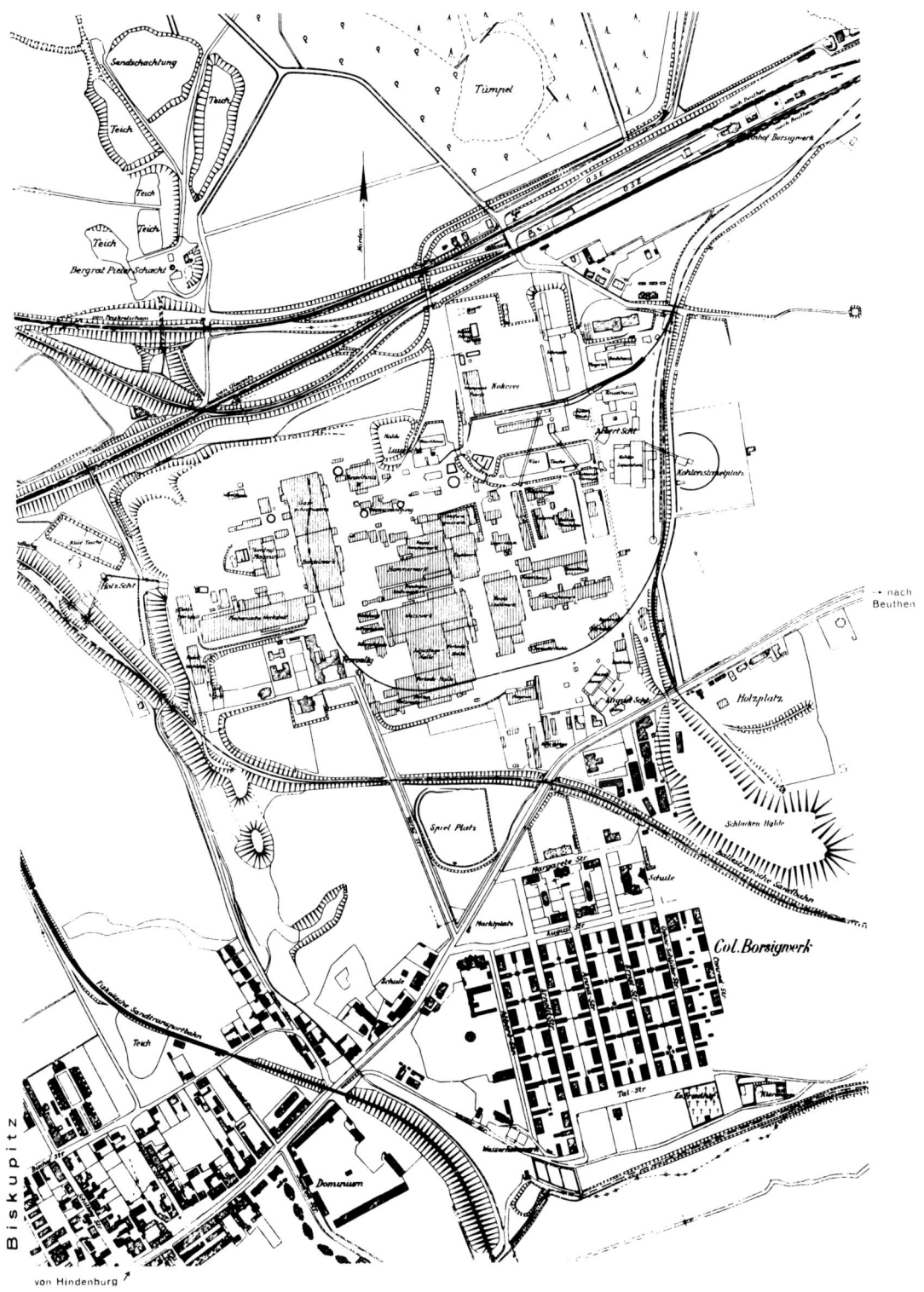

Lageplan des Borsigwerks 1929.

Gesamtarbeiterzahl der sämtlichen Borsig'schen Betriebe
in Oberschlesien 1862–1928

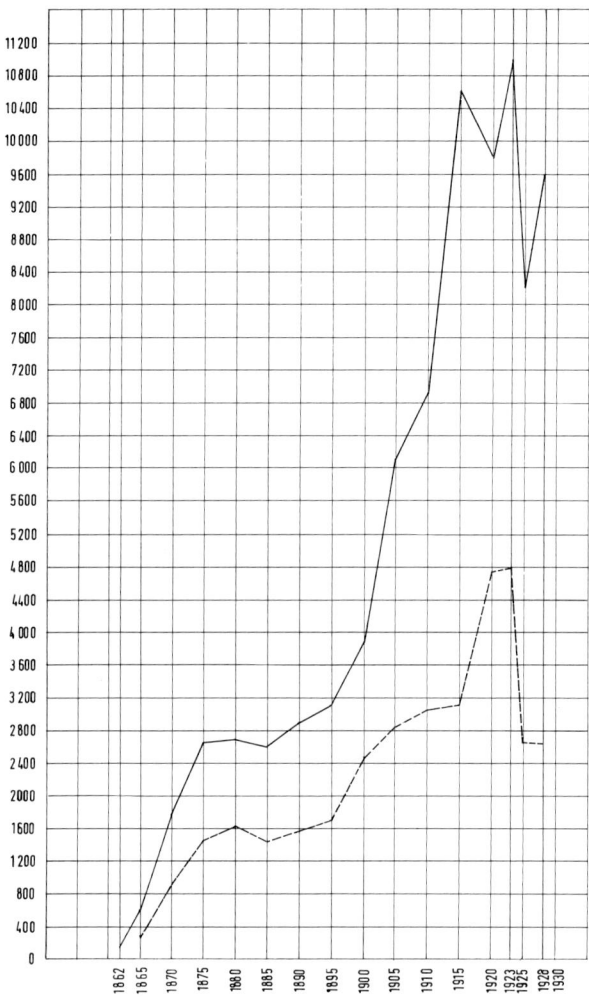

Dazu treten nach dem Stand vom 1.4.1929 insgesamt 773 Angestellte
---- Arbeiterzahl des Borsig'schen Hüttenwerkes in Oberschlesien 1865–1928

LITERATURVERZEICHNIS

Für das Buch wurde ausschließlich Bild-material aus dem Borsig-Archiv und der Sammlung von Firmenschriften des Museums für Verkehr und Technik verwendet.
Weitere benutzte Archive:
Landesarchiv Berlin: Bauakten Berliner Str. 19/37 (Rep. 220, Bauakten). Historisches Archiv der Fried. Krupp G.m.b.H., Essen: W A 44/1404.4/ 14–15; W A 44/1405.1.

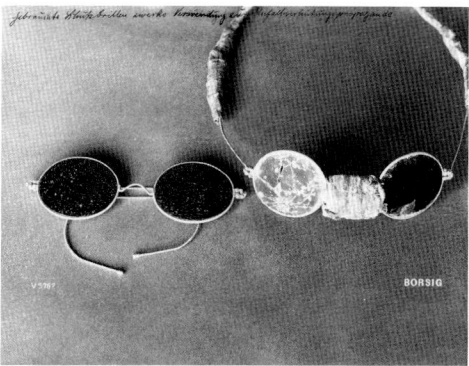

Krause, M.: A. Borsig Berlin 1837–1902, Festschrift zur Feier der 5000sten Lokomotive, Tegel, 21. Juni 1902, Berlin 1902.
A. Borsig 1837–1902, Feier des 75jährigen Bestehens der Firma A. Borsig, Festakt im Werke Berlin-Tegel, Sonnabend, den 14. September 1912..., Berlin 1912.
90 Jahre Borsig, A. Borsig Berlin-Tegel, 1837–1927, Berlin 1927.
75 Jahre Borsigwerk, Glogau (Oberschlesien) 1929.
Deutscher Maschinenbau 1837–1937 im Spiegel des Werkes Borsig, hg. von der Rheinmetall-Borsig Aktiengesellschaft, Berlin 1937.
100 Jahre Borsig Lokomotiven 1837–1937, hg. von den Borsig Lokomotiv-Werken GmbH, Berlin 1937.

Wietholz, A.: Geschichte des Dorfes und Schlosses Tegel, Berlin 1922.
Die geschichtliche Entwicklung der Fried. Krupp Germaniawerft Aktiengesellschaft Kiel-Gaarden, Berlin 1942.
Pierson, K.: Borsig – ein Name geht um die Welt, Berlin 1973.
Hertlein: Das Hochhaus im Tegeler Werk der Firma A. Borsig, in: Deutsche Bauzeitung 59 (1925), S. 362–364.
Vorsteher, D.: Borsig – Eisengießerei und Maschinenbauanstalt zu Berlin, Berlin 1983.
Berlin und seine Bauten, Teil IX, Berlin 1971. Hier S. 45, 94, 140–142, 195.
Hempel, L.: Borsigwalde 1908, Berlin 1908.
Zöbel, D.: Die Randwanderung der Firma Borsig, in: Exerzierfeld der Moderne, München 1984, S. 140–148.
Borsigs Haus in Berlin, Chausseestraße 6, in: Zentralblatt der Bauverwaltung 20 (1925), S. 362–364.

Von unserem Schwesterwerk in Oberschlesien, in: Borsig-Zeitung 3 (1926), Nr. 7/8, S. 57.
Krause, M.: Über Borsigketten und Kenterschäkel, in: Jahrbuch der Schiffbautechnischen Gesellschaft 10 (1909), S. 149–168.
Berichte über die Geschäftsjahre 1920ff der Borsigwerk Aktiengesellschaft in Borsigwerk, Oberschlesien.
Kudera: Die Verkokung der Steinkohle in Oberschlesien, in: Borsig-Zeitung 2 (1925), Nr. 5/6, S. 41–44.
Unsere Kohlengruben in Oberschlesien, in: Borsig-Zeitung 1 (1923/24), Nr. 18/19, S. 156–157.
Tanzer, K.: Das Werden der Oberschlesischen Montanindustrie. 700 Jahre deutsches Eisenwesen in Oberschlesien. Eine geschichtliche Betrachtung, Vöcklabruck 1946 (mschr.). Hier Kap. VI Die Zeit zwischen den Weltkriegen, S. 136–150.
Fuchs, K.: Wirtschaftsgeschichte Oberschlesiens 1871–1945. Aufsätze, Dortmund 1981.

Geschichte und Arbeitsgebiete unseres Werkes, in: Borsig-Zeitung 1 (1923/24), Nr. 1/2, S. 3–5; Nr. 3, S. 23–24; Nr. 4/5, S. 33–34; Nr. 6/7, S. 54–55; Nr. 8/9, S. 71–72; Nr. 10/11, S. 87–88, S. 90; Nr. 14/15, S. 119–122; Nr. 16/17, S. 138–141.
A. Borsig, Berlin, hg. von J. Eckstein, Berlin 1903.
Meyer, K.: Die Borsigwerke in Tegel, in: Jahrbuch der Schiffbautechnischen Gesellschaft, Jg. 1924, S. 347–387.
Reich, K.: Unsere Werkschule und Lehrwerkstätten, in: Borsig-Zeitung 4 (1927), Nr. 7/8, S. 122–124.
Reich, K.: Kritisches zur Lehrlingsausbildung, in: Borsig-Zeitung 3 (1926), Nr. 15/16, S. 130–133.
Reichelt, H.: Die Arbeitsverhältnisse in einem Berliner Großbetrieb der Maschinenindustrie, Berlin 1906 (Untersuchungen über die Entlöhnungsmethoden in der deutschen Eisen- und Maschinenindustrie, Heft 4).
Lebenshaltung und Lohn, in: Borsig-Zeitung 2 (1925), Nr. 7/8, S. 60–61.
Lebensmittelversorgung und Lebensmittelverbrauch Berlins, in: Berliner Wirtschaftsberichte 6 (1929), Nr. 8 v. 7. 4. 1929.
Treitschke: Die Lohnerhebung in der Berliner Metallindustrie im Oktober 1928, in: Berliner Wirtschaftsberichte 6 (1929), Nr. 20 v. 22. 9. 1929, S. 290–293.
Conrad: Soziale Fürsorge der Borsigwerk Aktiengesellschaft, in: Borsig-Zeitung 3 (1926), Nr. 1/2, S. 11.
Bäumer, E.: Erste Hülfe bei gewerblichen Unfällen. Betriebskrankenkasse und Unfallklinik, in: Borsig-Zeitung 1 (1923/24), Nr. 10/11, S. 95–96.
Bäumer, E.: Der gesundheitliche Schutz der Arbeitskraft, in: Borsig-Zeitung 1 (1923/24), Nr. 14/15, S. 128–130.
Litz, V.: Wie entstehen die Betriebsunfälle?, in: Borsig-Zeitung 1 (1923/24), Nr. 20/21, S. 165–167.
Striemer, A.: Unsere Wohlfahrtseinrichtungen, in: Borsig-Zeitung 1 (1923/24), Nr. 4/5, S. 44–45; Nr. 6/7, S. 60–61.
Striemer, A.: Die Werkstatt der alten Herren, in: Borsig-Zeitung 3 (1926), Nr. 1/2, S. 15.
Bethge, A.: Der Angestelltenrat, in: Borsig-Zeitung 4 (1927), Nr. 7/8, S. 125.
Heyne, O.: Der Betriebsrat, in: Borsig-Zeitung 4 (1927), Nr. 1/2, S. 18.
Vahle, K.: Arbeitsleistung und Arbeitslohn, in: Borsig-Zeitung 2 (1925), Nr. 3/4, S. 31.
v. Borsig, E.: Betrachtungen zur Sozialpolitik, in: Borsig-Zeitung 4 (1927), Nr. 7/8, S. 89–94.

Litz, V.: Wie können wir die gegenwärtige Wirtschaftskrisis überwinden?, in: Borsig-Zeitung 1 (1923/24), Nr. 8/9, S. 65–70.

Pierson, K.: Lokomotiven aus Berlin, Stuttgart 1977.

Kutschik, D.: Lokomotiven von Borsig. Eine Darstellung der Lokomotivgeschichte der Firma A. Borsig und der Nachfolgerfirmen, Berlin (Ost) 1985 (Veränderte Lizenzausgabe unter dem Titel: Borsig. Lokomotiven für die Welt, Freiburg 1985).

Vock: Über Meßvorrichtungen für den Zusammenbau von Dampflokomotiven, in: Borsig-Zeitung 4 (1927), Nr. 11/12, S. 195–197.

Pierson, K.: A. Borsig, Berlin-Tegel. 130 Jahre Lokomotivbau, in: Lok Magazin Nr. 48, Juni 1971, S. 642–663.

Die 12 000. Borsig-Lokomotive, in: Borsig-Zeitung 2 (1925), Nr. 21/22, S. 173–174.

Grun, O.: Zahnrad-Lokomotiven in den Braunkohlenbetrieben, in: Borsig-Zeitung 3 (1926), Nr. 5/6, S. 35–38.

Feuerlose Lokomotiven, in: Borsig-Zeitung 6 (1929), Nr. 5/6, S. 125–126.

Grun, O.: Aus der Praxis des Borsigschen Lokomotivbaues, in: Borsig-Zeitung 6 (1929), Nr. 5/6, S. 105–111.

Grun, O.: Borsig-Druckluft-Lokomotiv-Förderanlagen beim Bau des großen Appenninen-Tunnels, in: Borsig-Zeitung 5 (1928), Nr. 3/4, S. 63–68.

Beil, W.: Über Normung, Austauschbau und Typisierung im Lokomotivbau, in: Borsig-Zeitung 4 (1927), Nr. 11/12, S. 198–199.

Grun, O.: Die Entwicklung des Borsigschen Lokomotivbaues im Tegeler Werk, in: Borsig-Zeitung 4 (1927), Nr. 11/12, S. 189–194.

v. Borsig, E.: Zur Lage der deutschen Lokomotivindustrie, in: Borsig-Zeitung 4 (1927), Nr. 11/12, S. 174–175.

Grun, O.: Die Lokomotive im Dienst der Braunkohlen-Gewinnung, in: Borsig-Zeitung 3 (1926), Nr. 1/2, S. 3–6.

Messerschmidt, W.: Die Borsig-Lokomotiv-Werke, in: Die Lokomotivtechnik 84 (1960), H. 6, S. 139–143.

Giesl-Gieslingen, A.: Anatomie der Dampflokomotive international. Ihr Aufbau und ihre Technik in aller Welt von 1829 bis heute, Wien 1986 (= Internationales Archiv für Lokomotivgeschichte, Bd. 37).

Walter Benjamin: Aufklärung für Kinder. Rundfunkvorträge, hg. von R. Tiedemann, Frankfurt a. M. 1985. Hier: S. 52–58 »Borsig«.

Die Entwicklung der Lokomotiven im Gebiete des Vereins mitteleuropäischer Eisenbahnverwaltungen, hg. v. Verein mitteleuropäischer Eisenbahnverwaltungen, II. Bd 1880–1920, Berlin 1937.

Korn, W.: Die Prüfung unserer Werk- und Baustoffe, in: Borsig-Zeitung 1 (1923/24), Nr. 22/23, S. 183–186.

Radtke, M.: Aus unserer Hammerschmiede, in: Borsig-Zeitung 3 (1926), Nr. 9/10, S. 72–74.

Blume u. a.: Die Hütten- und Gießereibetriebe des Werkes Borsig, Berlin-Tegel, in: Rheinmetall-Borsig-Mitteilungen No. 4, Sept. 1937, S. 2–11.

Fischer, W.: Die Entwicklung des Dampfkesselbaues in den letzten 25 Jahren, in: Borsig-Zeitung 5 (1928), Nr. 5/6, S. 93–97.

Jöllenbeck, E.: Unsere Kesselschmieden, in: Borsig-Zeitung 5 (1928), Nr. 5/6, S. 114–118.

Hammer, E.: Aus unserem Schiffsmaschinen- und Schiffskesselbau, in: Borsig-Zeitung 3 (1926), Nr. 13/14, S. 106–111.

Hochwald, M.: Schnellaufende Kapsel-Dampfmaschine, in: Borsig-Zeitung 3 (1926), Nr. 5/6, S. 39–41.

Hochwald, M.: Ein Rückblick in das Jahrzehnt des Borsig'schen stehenden Dampf-Maschinenbaues 1896–1906, in: Borsig-Zeitung 7 (1930), Nr. 3/4, S. 11–13.

Gutermuth, M. F.: Die Entwicklung der Dampfmaschine vom wissenschaftlichen, wirtschaftlichen und künstlerischen Standpunkt, in: Borsig-Zeitung 7 (1930), Nr. 5/6, S. 8–14.

Hochwald, M.: Wiedereinführung und Entwicklung der Schiffsdampfmaschine bei A. Borsig, Berlin-Tegel, in: Borsig-Zeitung 7 (1930), Nr. 7/8, S. 9–12.

Wazek, A.: Liegende und stehende Kolbendampfmaschinen für den Antrieb von Kompressoren und Pumpen, in: Borsig-Zeitung Nr. 5/6, S. 16–20.

Limprecht, P.: Werdegang einer Borsig-Schiffsdampfmaschine, in: Borsig-Zeitung 7 (1930), Nr. 7/8, S. 25–32.

Wewerka, A.: Borsig-Dampfturbinen, in: Borsig-Zeitung 4 (1927), Nr. 5/6, S. 59–63.

Graefe, B.: Die Fertigung der Borsig'schen Dampfturbinen, in: Borsig-Zeitung 4 (1927), Nr. 5/6, S. 71–74.

Pickert, F.: Die Erfindung der Mammut-Pumpe, in: Rheinmetall-Borsig-Mitteilungen Nr. 14, Dez. 1941, S. 17–19.

Wazek, A.: Kolben- und Kreiselpumpen, in: Borsig-Zeitung 3 (1926), Nr. 15/16, S. 121–125.

Steen, Th.: Die Mammut-Pumpe in der chemischen Industrie, in: Borsig-Zeitung 6 (1921), Nr. 3/4, S. 73–80.

Grüneberg, F.: Selbsttätige Haus- und Wasserversorgungsanlagen, in: Borsig-Zeitung 4 (1927), Nr. 9/10, S. 145–148.

Zum fünfzigjährigen Bestehen der Berliner Stadtentwässerung. Die Bewährung der Borsig-Pumpen mit Schoene-Ventilen, in: Borsig-Zeitung 5 (1928), Nr. 1/2, S. 12–13.

Salingré, A.: Entwicklung der Hochdruckkompressoren, in: Borsig-Zeitung 5 (1928), Nr. 3/4, S. 52–54.

Janke, F.: Die Entwicklung der Borsigschen Kompressoren-Ventile, in: Borsig-Zeitung 5 (1928), Nr. 3/4, S. 55–57.

Fauss, K.: Druckluft und ihre Anwendung, in: Rheinmetall-Borsig-Mitteilungen Nr. 3, Juni 1938, S. 2–9.

Krüger, P.: Die geschichtliche Entwicklung der Kompressoren, in: Borsig-Zeitung 5 (1928), Nr. 3/4, S. 46–48.

Paul, F.: Die Entwicklung des Borsigschen Kompressorenbaues, in: Borsig-Zeitung 5 (1928), Nr. 3/4, S. 49–51.

Niebergall, W. und Pfeiffer, K.: 50 Jahre Borsig-Kältemaschinen, in: Kältetechnik 1 (1949), H. 4, S. 74–81.

Cattaneo, G.: Der Berliner Eispalast, in: Zeitschrift des Vereins Deutscher Ingenieure 53 (1909), S. 776–779.

Pfeiffer, C.: Kunsteisbahnen, in: Borsig-Zeitung 3 (1926), Nr. 3/4, S. 21–24.

Walter, A.: Die Kühlanlage für das Kühlhaus der Fleischgroßmarkthalle des städtischen Schlachthofes Berlin, in: Borsig-Zeitung 4 (1927), Nr. 1/2, S. 8–13.

Von Kältemaschinen und Kühlschränken, in: Borsig-Zeitung 3 (1926), Nr. 13/14, S. 103–105.

Niebergall, W.: Beitrag zur Geschichte der Absorptions-Kälteanlagen, Sonderdruck aus: Archiv für die gesamte Wärmetechnik 1 (1950), H. 7, S. 139–143 u. H. 8, S. 169–175 und Allgemeine Wärmetechnik 4 (1953), H. 2, S. 35–41, H. 3, S. 59–64 u. 5 (1954), H. 2, S. 33–39, H. 3, S. 57–64.

Zink, F.: Der Pflugbau der Firma Borsig, in: Borsig-Zeitung 2 (1925), Nr. 9/10, S. 74–75.

Die ersten Borsig-Pflüge, in: Borsig-Zeitung 2 (1925), Nr. 9/10, S. 69.

Borsig-Dampfpflüge in Afrika, in: Borsig-Zeitung 2 (1925), Nr. 1/2, S. 3–4.

Schneggenburger, G.: Der Borsig-Schlepper, in: Borsig Zeitung 2 (1925), Nr. 9/10, S. 70–71.

Der Borsig-Schlepper, in: Borsig Zeitung 2 (1925), Nr. 1/2, S. 5.

Traub, A.: Zusammenarbeit mit der industriellen Chemie. Ein Beitrag zur Geschichte der Firma A. Borsig, in: Borsig Zeitung 5 (1928), Nr. 9/10, S. 193–195.

Traub, A.: Chemiker und Ingenieur, in: Borsig-Zeitung 4 (1927), Nr. 7/8, S. 94–95.

Döring, G.: Luftstickstoff, in: Borsig Zeitung 5 (1928), Nr. 9/10, S. 196–198.

Neumann, B.: Das Edeleanu-Raffinationsverfahren im Großbetrieb, in: Die Chemische Fabrik 1928, Nr. 45, S. 641–644.

Cattaneo, G.: Technik und Oekonomie des Edeleanu-Verfahrens zur Raffination von Mineralölen, in: Borsig-Zeitung 5 (1928), Nr. 9/10, S. 200–206.

Heinrich, O.: Die Palmölgewinnung. Die Kultur der Oelpalme. Neuzeitliche Gewinnung des Palmöles nach dem Borsig-Verfahren, in: Borsig Zeitung 4 (1927), Nr. 3/4, S. 30–34.

Jessen, V.: Holzverzuckerung, in: Rheinmetall-Borsig-Mitteilungen 1937, Nr. 3, S. 9–11.

Lischka, A.: Die Konservierung des Holzes, in: Borsig-Zeitung 3 (1926), Nr. 7/8, S. 51–53.

Unser Saugling, in: Borsig Zeitung 4 (1927), Nr. 9/10, S. 144.

Schmidt, M.: Die Entstaubung mittels Saug- und Preßluft, in: Borsig-Zeitung 4 (1927), Nr. 9/10, S. 140–143.

Schmidt, W.: Der Saugling, in: Borsig Zeitung 4 (1927), Nr. 5/6, S. 80.

DIE AUTOREN

Helmut Lindner

geb. 1948 in Bamberg. 1969 graduierter Ingenieur für Nachrichtentechnik, Tätigkeit bei der Deutschen Bundespost. 1976 Abschluß des Mathematikstudiums. 1977–1979 Mitarbeiter an einem Forschungsprojekt zur Geschichte der Industrialisierung in Europa. 1980–1985 wissenschaftlicher Mitarbeiter im Fachgebiet »Geschichte der exakten Wissenschaften und der Technik« an der TU Berlin. 1986 Promotion mit einem Thema aus der Geschichte der Elektrotechnik. Seit 1976 Lehrbeauftragter an der TFH Berlin. Seit 1985 Leiter der Abteilung Dokumentation am Museum für Verkehr und Technik, Berlin.

Jörg Schmalfuß

geb. 1954 in Wittenberg. Schulbesuch in Marburg. 1978–1981 Studium an der Archivschule Marburg, Fachhochschule für Archivwesen. 1981–1984 Tätigkeit im gehobenen Archivdienst am Geheimen Staatsarchiv Preußischer Kulturbesitz, Berlin. Seit April 1984 Leiter des Archivs im Museum für Verkehr und Technik, Berlin.